经济动物养殖与疾病防治

◎吕 飞 王 琦 徐其红 主编

中国农业科学技术出版社

图书在版编目（CIP）数据

经济动物养殖与疾病防治 / 吕飞， 王琦， 徐其红主编 . 北京 ： 中国农业科学技术出版社， 2025. 4. -- ISBN 978-7-5116-7136-3

Ⅰ. S858.9

中国国家版本馆 CIP 数据核字第 2024Q4L132 号

责任编辑 任玉晶
责任校对 马广洋
责任印制 姜义伟　王思文

出 版 者 中国农业科学技术出版社
北京市中关村南大街 12 号　邮编：100081
电　　话（010）82106641（编辑室）　（010）82106624（发行部）
（010）82109709（读者服务部）
网　　址 https://castp.caas.cn
经 销 者 各地新华书店
印 刷 者 中煤（北京）印务有限公司
开　　本 185 mm × 260 mm　1/16
印　　张 15.5
字　　数 365 千字
版　　次 2025 年 4 月第 1 版　2025 年 4 月第 1 次印刷
定　　价 38.00 元

编写人员

主　编

吕　飞（青海农牧科技职业学院）

王　琦（青海农牧科技职业学院）

徐其红（青海农牧科技职业学院）

副主编

窦永芳（青海农牧科技职业学院）

杨　婕（青海农牧科技职业学院）

参　编

鲍玉林（青海农牧科技职业学院）

解红梅（山东畜牧兽医职业学院）

范忠原（青海农牧科技职业学院）

李国才（青海省湟源县申中乡畜牧兽医站）

高明艳（青海农牧科技职业学院）

前 言

在全球化与现代化并进的今天，经济动物养殖业已成为农业经济中不可或缺的一部分，不仅为社会提供了丰富的食品资源，还促进了农村经济的繁荣与农民增收。然而，随着养殖规模的扩大和养殖密度的增加，动物疾病问题日益凸显，成为制约行业健康发展的关键因素。因此，科学合理地开展经济动物养殖与疾病防治工作，对于保障食品安全、促进产业可持续发展具有重要意义。中国共产党第二十次全国代表大会报告提出“深入实施科教兴国战略、人才强国战略、创新驱动发展战略，开辟发展新领域新赛道，不断塑造发展新动能新优势”。教材是人才培养的重要支撑，是引领创新发展的重要基础，因此教材建设应与国家的发展策略和需求紧密结合，不断更新升级，以便更好地培养高水平的科技创新人才。与传统的家畜、家禽相比，经济动物养殖是一种新兴产业，其教材建设相对薄弱。为了满足社会对经济动物领域专业人才的需求，并适应农牧高等教育的人才培养目标，本教材遵循知识、能力、素质协调发展的教育理念，旨在培养具有广阔知识面、扎实专业能力和优秀综合素质的人才。

《经济动物养殖与疾病防治》内容包括经济动物生物学特性、繁殖与育种、营养与饲料、饲养管理、产品初加工及疾病防治等方面知识和技术。本教材分为八个项目，主要介绍了家兔、茸鹿、家犬、家猫、珍禽、毛皮兽、高原淡水鱼、观赏鸟等经济动物的经济价值、生物学特性、品种、繁殖、饲养、疾病防治等内容，并重点介绍了鹿茸、狐（貉）皮等产品的采收、等级鉴定和产品初加工方面的知识与技术。为了满足学生自学的需求，每个项目后面以二维码的形式留有任务检测题和工作任务完成评价表，希望对学生的学习、生产和科研有较大的帮助。本教材选择了青海地区饲养比较普遍、数量较多、经济效益较好的经济动物种类，也有利于野生动物保护和产品可持续发展。

本教材从农牧业对专业技术人才的需求出发，坚持内容的科学性、先进性、实用性和准确性，力争反映经济动物生产、科研的最新成果。本书内容丰富，涉及动物种类较多，操作性指导性强，既可作为高职高专院校涉农牧类专业的教材，又可作为专业技术人员的参考书。

本教材在编写时参考了很多专家、学者的著作和文献，在此对相关作者表示感谢。由于本教材涉及内容较广且编者水平有限，书中难免存在不妥之处，恳请广大读者批评指正。

编者

目录

项目一 家兔养殖与疾病防治

项目导读

家兔作为宠物和家畜在我国被广泛饲养，其养殖业也逐渐兴起。家兔利用野草、野菜及农作物茎叶转化成肉、皮、毛等产品，因此具有明显的经济效益。兔肉包括家兔肉和野兔肉两种，家兔肉又称菜兔肉。兔肉属于高蛋白质、低脂肪、低胆固醇的肉类。以干物质计算，兔肉的蛋白质含量高达70%，比一般肉类都高，而脂肪和胆固醇含量却低于所有的肉类，故对它有“荤中之素”的说法。这是牛、羊、猪等家畜所不及的。家兔对多种药物和刺激的反应较敏感，这有助于研究药物的疗效和毒性，同时家兔性格温顺，便于实验操作和控制。在青海省人均耕地减少，粮食、蛋白质、毛纺原料短缺的背景下，发展养兔业具有特别重要的意义。

知识目标

（1）正确叙述家兔的经济价值和养殖意义。
（2）准确识别家兔的主要品种。
（3）熟记家兔的初配年龄、发情周期、性成熟年龄和妊娠期。
（4）正确叙述家兔的生活习性和生理特点。
（5）正确叙述家兔饲养和管理的一般原则。
（6）正确叙述家兔不同季节的饲养管理要点和不同年龄阶段的饲养管理。
（7）熟记家兔常见病的概念及临床特征。
（8）掌握兔场传染病的综合防治措施和常见病的诊断要点。

技能目标

（1）能够查阅、分析整理家兔品种资料，能够识别一些常见的品种。
（2）掌握兔徒手保定技能。
（3）独立操作完成家兔妊娠诊断工作。

（4）熟练掌握家兔年龄鉴定技能。

（5）熟练掌握家兔性别鉴别技能。

（6）独立操作完成兔肌注法和口服法给药。

素质目标

（1）培养学生分析和解决问题的能力，能够注重品种保护，建立“种子是农业的芯片”的科学认识，能够依据实际情况选择合适的品种。

（2）树立安全意识，能够保障个人人身安全。

（3）遵守工作纪律，能够恰当有效地利用时间，按时完成各项任务。

（4）能够主动承担工作任务，尊重他人意见，遵从集体决策，遵守各种行为规范和操作规范。

（5）树立严谨求实的工作态度。

任务一　家兔的品种

任务导入

我国养兔业历史悠久，新中国成立以来，兔产业更是有了长足的发展。中国目前已成为世界兔业大国，兔出栏量、兔肉产量和兔肉出口量均居世界首位。但国内兔养殖的区域分布极不均衡，主产区集中在华北、华东和西南等地，西北养兔业并未得到充分发展。养兔业具有养殖周期短、启动资金少、投资少、资金周转快几大优点，是贫困人口快速增收的途径之一。青海养兔业很有发展前景，可以帮助农户发家致富，建设美丽乡村。但是，由于青海很多地区村民此前没有养兔的经验，甚至连基本的品种都不认识，所以，需要你帮助他们进行家兔品种的识别，方便他们选择养殖的品种。

任务工单

班级：＿＿＿＿＿＿＿＿　姓名：＿＿＿＿＿＿＿＿　学号：＿＿＿＿＿＿＿＿

任务名称	家兔的品种识别
任务描述	根据实际情况，填写本任务的内容、目的、流程和方法。 任务内容：识别家兔常见品种。 任务目的：认识国内外优良家兔品种；学会识别各类家兔，掌握要领；着重掌握家兔头型、耳型、体型、被毛等特征。

（续表）

<table>
<tr><td>任务描述</td><td colspan="4">任务流程：收集并整理资料，让学生观察兔品种图片，阅读鉴定材料，进行品种识别练习。
任务方法：让学生通过观察图片、阅读鉴定材料和实操练习掌握品种识别技能。</td></tr>
<tr><td>获取信息</td><td colspan="4">要完成任务，需要掌握相关的知识。请收集资料，回答以下问题。
（1）家兔的经济价值及养殖意义有哪些？
（2）简述青海省的养兔情况。
（3）常见的兔品种有哪些？
（4）常见的宠物兔品种有哪些？
（5）列举市面上常见的家兔品种。</td></tr>
<tr><td>制订计划</td><td colspan="4">（1）收集资料。
（2）整理资料。
（3）提供兔品种图片，让学生观察。
（4）阅读材料，进行品种识别训练。
（5）总结。</td></tr>
<tr><td rowspan="6">任务实施</td><td colspan="4">按照预先制订的工作计划，完成本任务，并记录任务实施过程。</td></tr>
<tr><td>序号</td><td>完成的任务</td><td>遇到的问题</td><td>解决办法</td></tr>
<tr><td></td><td></td><td></td><td></td></tr>
<tr><td></td><td></td><td></td><td></td></tr>
<tr><td></td><td></td><td></td><td></td></tr>
<tr><td></td><td></td><td></td><td></td></tr>
</table>

任务准备

一、知识准备

（一）动物学分类与分布

家兔属于动物界，脊索动物门，脊椎动物亚门，哺乳纲，真兽亚纲，兔形目，兔科，兔亚科，穴兔属，穴兔种，家兔变种。家兔是由野兔驯化而来。兔在全球分布广泛，多见于荒漠、草原、森林或树林中。我国的肉用兔和皮用兔主要分布在北方地区，而毛用兔主要集中在江苏、浙江等地。

图 1-1 中国白兔

图 1-2 大耳白兔

图 1-3 新西兰白兔

图 1-4 哈尔滨白兔

（二）常见家兔品种介绍

1. 中国白兔

中国白兔属于肉用型兔，各地均有饲养，分布较广，四川省饲养数量较多，如图 1–1 所示。中国白兔体型较小，成年兔平均体重为 2.35 kg；体质结实紧凑，被毛多为纯白色，少数为黑色、灰色、棕色等，皮板较厚，头小嘴尖，耳小直立，耳尖圆厚，眼红色，臀部发育好，后肢健壮。该品种的优点是适应性强、耐粗放饲养、抗病力较强、繁殖力良好，是优良的育种材料；缺点是生长速度慢、屠宰率低、皮张面积小。

2. 大耳白兔

大耳白兔也叫日本大耳白兔，原产于日本，体型分大、中、小三种，如图 1–2 所示。大型兔成年体重为 5~6 kg，中型兔体重为 3~4 kg，小型兔体重为 2~2.5 kg。大耳白兔毛色纯白，眼红色；两耳长且直立、耳根细、耳端尖，形如柳叶；母兔颌下有肉垂。该品种具有耐粗饲、抗寒性强、性成熟早、繁殖力强、母性好、泌乳力强等优点，毛皮品质也好，耳朵上血管清晰，以肉用为主，也是理想的实验用兔。

3. 新西兰白兔

新西兰白兔如图 1–3 所示，是用弗朗德巨兔、美国白兔和安哥拉长毛兔杂交育成，是当今世界著名的中型肉用品种。该品种体型中等，成年体重为 4.5~5.4 kg；毛色纯白，两耳短小直立，耳端较圆宽，可作为与其他白兔区别的特征；繁殖力较强，耐粗饲，饲料利用率高，适应性和抗病力较强。该品种最突出的优点是产肉能力高，肉质鲜嫩。

4. 哈尔滨白兔

哈尔滨白兔也称哈白兔，是用比利时兔、德国花巨兔、日本大耳白兔和当地白兔通过复杂杂交，经过 10 年时间培育而成，是大型皮肉兼用型品种，如图 1–4 所示。该品种被毛纯白，毛纤维粗长；体型大，头大小适中，两耳宽大而直立，眼大有神呈粉红色；体质结实，结构匀称，肌肉丰满，四肢健壮；适应性强，耐寒、耐粗饲、抗病力强。

5. 青紫蓝兔

青紫蓝兔属于肉用型兔，原产于法国，按体型大小分为大型青紫蓝兔、中型青紫蓝兔（美国型）和小型青紫蓝兔（标准型），如图 1–5 所示。大型兔成年体重为 5.5~7.3 kg，公、母兔颌下均有肉垂；中型兔体重为 4~5 kg，母兔颌下有肉垂；小型兔体重为 2.5~3 kg，颌下没有肉垂。青紫蓝兔性情温顺，耐粗饲，体型健壮，抗病力强，生长发育快，产肉能力强，肉质鲜嫩，繁殖力强，仔兔成活率较高。小型和中型青紫蓝兔完全适应我国的自然条件，从南到北均有分布。青紫蓝兔整体被毛呈蓝灰色，一根毛上下颜色不同，毛根灰色，毛尖却是黑色。该品种适应性强，繁殖力强，毛皮品质优，是育种的好材料，但生长慢。

图 1–5　青紫蓝兔

6. 加利福尼亚兔

加利福尼亚兔属于肉用型兔，原产于美国加利福尼亚州，是用喜马拉雅兔、标准型青紫蓝兔和新西兰白兔杂交选育而成，是著名的中型肉用兔品种，如图 1–6 所示。加利福尼亚兔毛色似喜马拉雅兔，全身被毛以白色为基础，鼻端、两耳、四脚及尾部被毛为黑色，又称“八点黑”兔。加利福尼亚兔体型中等，成年公兔体重为 3.6~4.5 kg，母兔体重为 3.9~4.8 kg，生活力和适应性较强。该品种具有肌肉丰满、早熟易肥、肉质肥嫩等优点；遗传性稳定，是育种的好材料。

图 1–6　加利福尼亚兔

7. 德国花巨兔

德国花巨兔原产于德国，是用弗朗德巨兔和不知名的白色兔与花斑兔杂交育成的大型肉用品种，如图 1–7 所示。从耳后到尾部有一条边缘不整齐的黑色背线，此线前部窄、后部渐宽；后躯两侧有若干大小不等而对称的黑花斑，甚为美观，故其有“熊猫兔”之美称。该品种体格大，早期生长发育较快，成年体重为 5~6 kg，母兔繁殖力强，性情温顺，但哺乳性能不够好，母性不强，对饲养管理条件要求较高，如在粗放的饲养条件下，退化现象比较明显。

图 1–7　德国花巨兔

8. 比利时兔

比利时兔是用比利时贝韦伦一带的野生穴兔改良而成的大型肉用兔品种，如图 1–8 所示。比利时兔体型大，成年兔平均体重为 6.1kg；被毛为深褐或浅褐色，体躯下部毛色呈灰白色，与野兔毛色相近；眼睛呈黑色；耳朵宽大直立，稍倾向两侧；头型粗大，颊部突

图 1–8　比利时兔

出，脑门宽圆，鼻梁隆起，头型似马头，故又称其为“马兔”。该品种的优点是适应性强、耐粗饲、繁殖性能好、生长快。比利时兔与中国白兔、日本大耳白兔、公羊兔等杂交生产商品肉兔，可获得较好的杂交优势。

图 1-9 公羊兔

9. **公羊兔**

公羊兔又称垂耳兔，是肉用型家兔品种之一，如图 1-9 所示。公羊兔最初是观赏品种。英系公羊兔注重耳朵的选择，以耳大为优，培育成耳朵特别大的品种，耳长最大者达 68.5 cm。公羊兔的毛色有白色、黑色、灰色、棕色和黄褐色等。该品种体质疏松肥大，中型兔的体重为 6~8 kg，大型兔的体重为 10~11 kg，一般情况下体重均在 5 kg 以上。此兔特点是两耳特长而下垂，头型酷似公羊，由此得名。

图 1-10 喜马拉雅兔

10. **喜马拉雅兔**

喜马拉雅兔原产于喜马拉雅山南北两麓，如图 1-10 所示。我国是主产区，育成历史悠久。喜马拉雅兔是小型皮肉兼用型品种，被毛主体为白色，两耳、鼻端、尾背及四肢下部为浅黑色，故称“八点黑”。喜马拉雅兔毛长为 3.8 cm 左右，眼睛呈淡红色；成年体重为 2.5~3.5 kg；性成熟较早，繁殖力强；适应性好，抗病力强，耐粗饲；体型紧凑，体质健壮，是良好的育种材料。

图 1-11 力克斯兔

11. **力克斯兔（獭兔）**

力克斯兔是著名的皮用兔品种，原产于法国，是由普通家兔变异分化出来的短毛、多绒类型家兔，再经过选育、杂交、扩群而成，如图 1-11 所示。由于被毛酷似水獭皮，所以我国普遍称其为獭兔。力克斯兔体型中等偏上，其最大特点是被毛短、密，毛纤维直立，被毛平齐等。我国各地饲养的獭兔多数是从美国引进的美系獭兔，其被毛品质较好、繁殖力较强，经过驯化后，适应性能、抗病力都有所提高，但个体小。该品种毛长为 1.3~2.2 cm，以 1.6 cm 为最佳；毛色种类很多，全世界共有 40 余种，我国现有 10 余种，以白色居多，其次有黑色、红色、蓝色、加利福尼亚色、青紫蓝色、海狸色、巧克力色等。

图 1-12 安哥拉兔

12. **安哥拉兔**

安哥拉兔是世界著名的毛用型兔品种，是长毛兔的一种，如图 1-12 所示。其毛发浓密细长，网络又称草泥兔。安哥拉兔，一种说法是源于土耳其的安哥拉省；另一种说法是起源于英国，由法国人培育而成，因其毛细长，有点像安哥拉山羊而取名为安哥拉兔。安哥拉兔属毛用兔，也可当作宠物兔，标准体重为 2.3~3.4 kg，是中型兔；身体呈椭圆形，它们的耳朵、眼及脚部关节以下的地方都没有长满毛，全身的毛长 6.4~8.9 cm，毛质比较粗糙；毛的颜色有黑、蓝、白、浅紫、铜铁色、乳白等。

图 1–13　侏儒海棠兔

13. 侏儒海棠兔

株儒海棠兔别名侏儒荷达特、侏儒熊猫兔，原产于德国，如图 1–13 所示。其性格活泼、警觉，好奇心旺盛，容易和人相处，属个性可爱的品种。侏儒海棠兔的体型娇小，体重小于 1.36 kg，肩部至臀部呈圆弧状，头大；耳短，耳朵不长于 7 cm；眼珠深咖啡色，眼睛周围的毛是黑色的，构成黑眼线，所以称为熊猫兔。侏儒海棠兔可分为两种：一种是全身为纯白体色，在眼睛部位带有黑色眼线；另一种同样有黑眼线，只是雪白身体上有些斑点。

14. 荷兰侏儒兔

荷兰侏儒兔俗称侏儒兔，原产于荷兰。该品种体型小，体重为 1.2 kg；毛色有黑色、蓝色、浅紫等多种颜色；耳朵较短，仅为 5 cm 左右；头圆阔，眼睛大而明亮，鼻扁；毛短，身体矮胖。

15. 荷兰垂耳兔

荷兰垂耳兔体型超小，身圆骨重，体重为 2 kg 左右，其中以 1.4 kg 为佳，该品种毛色有纯色、刺鼠色、杂色、铜铁色、橙色宽条纹等；性情温顺，喜爱干燥清洁，胆小。

16. 波兰兔

波兰兔原产于波兰，为迷你型家兔，属宠物兔，标准体重小于 1.6 kg。该品种身圆头短；两只耳朵竖起且靠在一起，长度不超过 7.6 cm；毛短且浓密。

17. 迷你力克斯兔

迷你力克斯兔别名绒毛兔、丝绒兔，原产于美国得克萨斯，性情十分温顺，为迷你型兔。体重为 1.2~2.0 kg，外形与侏儒兔相似；短毛，毛密而有光泽，毛质软滑带丝绒面，摸起来有天鹅绒般的质感；脸上胡须有一点卷；耳朵细，较厚，竖起。

18. 多瓦夫兔

多瓦夫兔原产于德国，为迷你型兔，成年体长仅为 30 cm，体重为 1~2 kg，体型非常娇小，可以说是真正的“迷你兔”，毛色有灰色、黑色等。

19. 磨光兔

磨光兔原产于英格兰，体型较小，为迷你型兔。鼻子较短，鼻尖塌塌的；毛色常见为黑色。

家兔品种分类

二、材料准备

1. 调查青海省养兔业的基本情况

对青海省养兔情况进行调查，包括养殖规模、养殖情况、养殖品种等。

2. 收集常见品种的相关资料

包括生物学特性、习性、食性、饲养方式等。

3. 收集宠物兔品种的相关资料

包括生物学特性、习性、食性、饲养方式等。

三、人员准备

人员分组，每组 5 人，明确职责分工。

任务角色	任务内容
组长：	任务：
组员 1：	任务：
组员 2：	任务：
组员 3：	任务：
组员 4：	任务：

任务筹划

一、内容

明确要调查的项目；确定要重点调查的品种，以及其品种特性，市场价格、市场占有率等。

二、方法

认真思考如何才能获取更好的信息，以及通过哪些渠道可以获取信息资料，并对这些资料进行加工编撰，形成可供村民选择的方案。

三、流程

第一步：了解家兔的经济价值及养殖意义。

第二步：调查青海省养兔业的基本情况。

第三步：调查市面上常见家兔品种的情况。

第四步：根据收集资料进行家兔品种识别练习。

任务实施

步骤一：

步骤二：

步骤三：

步骤四：

任务总结：

任务检测

请扫码答题

任务评价

工作任务完成过程评价表

班级：＿＿＿＿＿＿　组别：＿＿＿＿＿＿　姓名：＿＿＿＿＿＿

项目	评分标准	自我评价	小组评价	教师评价
理论知识（30分）	了解兔的经济价值及养殖意义（10分）			
	理解兔品种的分类（10分）			
	掌握常见品种的特点（10分）			
实操技能（50分）	操作态度积极主动，服从安排（10分）			
	能够进行相关信息的收集（10分）			
	能够对信息进行整合和分析（10分）			
	根据图片、实物能够准确识别常见品种（10分）			
	能够对兔的特征进行描述（很好为10分；较好为7~9分；一般为3~6分；较差为0~2分）			
思政素养（20分）	能够从全局上筹划相关事项或安排具体工作（10分）			
	提升自己的社会责任感和历史使命感（10分）			
合计（100分）				

（续表）

自我评价与总结	
教师点评	

任务二　家兔的繁殖

任务导入

家兔是多胎动物，繁殖力强，生长快。有些品种的肉兔，在较好的饲养条件下，一年可产仔兔 4~5 窝，甚至 8~10 窝，每窝产仔兔 6~8 只，每年可产仔兔 40~60 只。这是牛、羊、猪等家畜所不及的。本任务主要介绍家兔的引种、繁殖规律、配种方法及性别鉴别等。

任务工单

班级:________________ 姓名:________________ 学号:________________

任务名称	家兔的繁殖
任务描述	根据实际情况，填写本任务的内容、目的、流程和方法。 任务内容：家兔的引种，家兔的繁殖规律，家兔的发情和配种，家兔的分娩及家兔的性别鉴别。 任务目的：认识和掌握家兔如何引种，理解家兔的繁殖规律，掌握家兔的发情和配种知识，掌握家兔的妊娠知识，学会家兔分娩的相关知识，学会家兔的性别鉴别方法。 任务流程：收集并整理资料，学习家兔的引种、繁殖、配种、妊娠、分娩和性别鉴定的相关知识，理解家兔的繁殖规律，进行家兔的性别鉴别及发情鉴定练习。 任务方法：通过收集资料、学习相关知识、进行实操练习，让学生学习和掌握家兔如何引种，理解家兔的繁殖规律，掌握家兔的性别鉴别及发情鉴定方法。
获取信息	要完成任务，需要掌握相关的知识。请收集资料，回答以下问题。 （1）家兔如何引种？ （2）简述家兔的繁殖规律。 （3）家兔的配种方法有哪些？

（续表）

<table>
<tr><td rowspan="1"></td><td colspan="4">（4）家兔的性别如何鉴别？

（5）家兔如何判定是否妊娠？</td></tr>
<tr><td>制订计划</td><td colspan="4">（1）收集资料。
（2）整理资料。
（3）材料准备。
（4）进行性别鉴别和妊娠诊断训练。
（5）总结。</td></tr>
<tr><td rowspan="6">任务实施</td><td colspan="4">按照预先制订的工作计划，完成本任务，并记录任务实施过程。</td></tr>
<tr><td>序号</td><td>完成的任务</td><td>遇到的问题</td><td>解决办法</td></tr>
<tr><td></td><td></td><td></td><td></td></tr>
<tr><td></td><td></td><td></td><td></td></tr>
<tr><td></td><td></td><td></td><td></td></tr>
<tr><td></td><td></td><td></td><td></td></tr>
</table>

任务准备

一、知识准备

（一）家兔的引种

1. 引种目的

按照肉用、毛用、皮用、观赏等目的不同，家兔在品种选择上有很大差异。

2. 引种季节

因为兔怕热，容易引起热应激反应，所以引种季节一般以气温适宜的春、秋两季为最佳，切忌夏季引种，而冬季气候寒冷，宜少引种。

3. 年龄

引种年龄一般以 3~4 月龄的青年兔为最好。

4. 数量

引种数量要与自身饲养管理的技术条件相适应，开始时宜少不宜多。初养兔户，一般开始引种数量不宜过多，以 6~10 只为宜。待取得经验后再逐步扩大。

5. 运输途中饲养

运输途中尽量不要停留，要缩短运输时间。运输途中喂兔，宜选用容易消化、含水分较少的饲料，切忌喂含水量较高的青菜、萝卜等蔬菜，以免引起腹泻；精饲料可少喂或不喂，要及时供给饮水。

6. 引种后的管理

（1）到目的地后，必须实行隔离饲养。先观察一段时间（30~40 d），确定无异常后再混入大群饲养。应及时分散，单笼饲养。

（2）要随时观察引入种兔的健康状况，发现异常或病兔应及时隔离、加强护理和治疗，同时还要做好防鼠、防兽工作。

（3）切忌暴饮暴食，以防引起胃肠道疾病。

（4）逐渐改变饲料类型和操作规程，切忌突然改变，以防引起应激反应。

（二）家兔的繁殖规律

1. 性成熟

一般小型兔 3~4 月龄，中型兔 4~5 月龄，大型兔 5~6 月龄达到性成熟。

2. 初配年龄

家兔的初配年龄应晚于性成熟年龄。适配月龄为：小型兔为 4~5 月龄，中型兔为 5~6 月龄，大型兔为 7~8 月龄。

3. 繁殖利用年限

家兔的繁殖利用年限一般是 3~4 年，视饲养管理的好坏和种兔体质状况可适当延长或缩短。一般来说，母兔 8 个月、公兔 10 个月方可交配。繁殖年龄为 3 年。每头公兔可固定轮流交配 8~10 只母兔，一般公兔一天之内可交配两次。配种之后，公兔要适当休息 2~3 d，并加强营养，喂给含蛋白质比较丰富的饲料。

（三）家兔的发情和配种

1. 母兔的发情

（1）发情周期。兔子具有刺激性排卵的特点，其发情周期不像其他家畜有准确的周期性，变化范围较大，一般为 7~15 d，发情期一般为 3~5 d。

（2）母兔发情表现。可通过母兔外生殖器官的变化、行为和试情表现进行鉴定。母兔发情时阴唇肿胀外翻、黏膜潮红，颜色由粉红到大红再变成紫红色。其在行为上表现为烦躁不安、食量减少，常在饲具等物上摩擦下颚，衔草，后肢拉地。将母兔与公兔放在一起，母兔有主动向公兔调情、爬跨，甚至爬跨自己的仔兔和其他公兔的行为，当公兔追逐爬跨时，母兔后肢升高以迎合公兔的交配动作。

（3）适配时间。适配时间为阴部大红时，正如谚语所说："粉红早、紫红迟、大红正当时。"

2. 配种

（1）配种前的准备工作。

①剪净公母兔生殖器官周围的阴毛，保持清洁，以防生殖器官发炎。

②配种期间，每天使种兔有适当的运动，进行日光浴，尤其是春冬两季。

③准备好种兔的日粮，增加青绿饲料，公兔可增加鱼粉、麦麸、米糠等；母兔可增加白菜、麦芽、骨粉等。

（2）配种方法。配种方法有自然交配法、人工辅助交配法和人工授精法。完全的自然交配方法已很少使用。规模较小，以商品兔生产为主的兔场主要采用人工辅助交配法，管理水平较高且以繁育种兔为主的兔场采用人工授精法。

①自然交配：即把公母兔混养在一起，当母兔发情时，任凭公母兔自由交配。

②人工辅助交配：即在公母兔分笼饲养的情况下，当母兔发情或已达到配种年龄时，把母兔放入公兔笼（窝或圈）中进行交配。

常用的方法有四种。

a. 单交配法：将母兔放入公兔笼内进行交配，只用同一只公兔交配一次的方法。

b. 复配法：即在母兔交配后 6 h 左右，用同一只公兔再交配 1 次的方法，可提高母兔的受胎率和产仔率。

c. 双重交配法：即用同一品种的两只血缘关系较远的公兔或不同品种的两只公兔与同一母兔交配，中间相隔时间不超过 10 min，为避免因公兔原因引起不孕时常采用此法。

d. 血配：又称频密繁殖，即在母兔分娩后的 1~3 d 内进行交配，使兔的泌乳期和怀孕同期进行。此法多用于商品兔场。若母兔膘情较好、年轻体壮（一般年龄在 1.5~2.5 岁），用这种方法每年可繁殖 8~10 胎。

③人工授精：即用特制的输精器将精液输入发情母兔或达到配种年龄母兔的子宫颈内，使母兔受孕。该法是目前养兔业中最经济、最科学的配种方法。采用人工授精，可充分利用优良公兔的生产能力，迅速推广良种；可减少公兔的饲养数量，降低饲养费用；能提高受胎率，减少疾病传播。

（3）配种注意事项。

①老幼病弱不配。

②炎热季节不配。

③防止近亲交配。

（四）家兔性别鉴别

1. 初生仔兔的性别鉴别方法

（1）从产仔箱中用徒手保定法取出仔兔，置于光线明亮的地方，兔后躯体朝向光线方向。

（2）左手固定兔颈背部，使仔兔保持安静，右手轻轻掀起兔尾，充分暴露兔肛门、外阴部。

（3）仔细观察仔兔阴部孔洞的形状，用直尺量出阴孔到肛门的距离，并记录。

（4）公兔的阴孔呈圆形而略小于肛门，距肛门较远；母兔的阴孔呈扁形，其大小与肛门相似，距肛门很近，阴孔与肛门的距离在 1.2 cm 以内为母兔，1.2 cm 以上为公兔。

2. 仔兔开眼后的性别鉴别方法

（1）可用左手抓住仔兔的颈背，右手的食指和中指夹住尾巴，用大拇指轻轻按压阴孔的上方。

（2）观察阴孔的形状变化。

（3）若阴孔的形状呈尖叶形，并且下方的裂缝延至肛门近处，则是母兔；若阴孔顶端呈圆形，并外露有柱状的突起，是公兔。

家兔的妊娠和分娩

3. 4 月龄以内仔兔的性别鉴别方法

（1）用徒手保定法从兔笼中抓出仔兔，半仰卧放在实验桌上，左手一直抓握仔兔。

（2）保定脚、阴部，并观察脐和阴部之间，有无“红线”。

（3）由脐部到阴部有一条“红线”的为母兔；若“红线”中断，即“断条”时，为公兔。

4. 成兔的性别鉴别方法

（1）用徒手保定法从兔笼中取出成兔。

（2）左手固定兔颈背部，右手托住兔臀部，并把兔尾拉向一侧，呈半仰卧，充分暴露外阴部。

（3）成年公兔有明显突出的阴囊，用手触摸，可摸到睾丸；母兔则无阴囊。

二、材料准备

（一）收集家兔繁殖规律的相关资料

（1）家兔的性成熟期、初配年龄、种用年限。

（2）发情表现、发情鉴定方法、配种方法、妊娠期表现。

（3）性别鉴别方法和妊娠诊断方法。

（二）工具（材料）准备

初生仔兔若干只，4 月龄家兔若干只，3 年以上的老兔若干只，三角尺若干把，未发情和发情母兔各 2 只，妊娠母兔 2 只。

三、人员准备

人员分组，每组 5 人，明确职责分工。

任务角色	任务内容
组长：	任务：
组员 1：	任务：
组员 2：	任务：
组员 3：	任务：
组员 4：	任务：

任务筹划

一、内容

明确要调查的项目，明确家兔的性别鉴别、发情鉴定及妊娠诊断的具体操作流程及需要的工具材料，并对本任务内容做出科学评价。

二、方法

认真思考如何快速获取相关信息，统筹需要的材料和用具，进行规范操作并撰写报告。

三、流程

第一步：了解家兔如何引种。

第二步：查找相关资料理解家兔的繁殖规律，熟记家兔性成熟期、初配年龄、种用年限、发情表现、配种方法、妊娠期等。

第三步：学习每个项目操作的具体技术要领。

第四步：依据标准对家兔进行性别鉴别、发情鉴定、妊娠诊断练习。

第五步：任务总结。

任务实施

步骤一：

步骤二：

步骤三：

步骤四：

任务总结：

任务检测

请扫码答题

任务评价

工作任务完成过程评价表

班级：________________　组别：________________　姓名：________________

项目	评分标准	自我评价	小组评价	教师评价
理论知识（30分）	了解家兔如何进行引种（10分）			
	理解家兔的繁殖规律（10分）			
	掌握家兔的配种方法（10分）			

（续表）

项目	评分标准	自我评价	小组评价	教师评价
实操技能（50分）	操作态度积极主动，服从安排（10分）			
	能够进行相关信息的收集及整理（10分）			
实操技能（50分）	能够进行家兔的性别鉴别（10分）			
	能够进行家兔的发情鉴定（10分）			
	能够进行家兔的妊娠诊断（10分）			
思政素养（20分）	培养预防为主、治疗为辅的理念，培养学生的财商（10分）			
	树立正确的价值观，激发学生的学习热情和使命感（10分）			
合计（100分）				
自我评价与总结				
教师点评				

任务三 家兔的饲养管理

任务导入

家兔养殖是一项经济效益非常好的项目，我国养兔业历史悠久。中国已成为世界兔业大国，兔出栏量、兔肉产量和兔肉出口量均居世界首位。要想创造良好的经济效益，首先要掌握过硬的养殖技术。

任务工单

班级：__________　姓名：__________　学号：__________

任务名称	家兔的饲养管理
任务描述	根据实际情况，填写本任务的内容、目的、流程和方法。 任务内容：家兔的生物学特性，家兔的营养需要和饲料配方，兔的一般饲养管理原则，家兔不同季节的饲养管理要点和不同年龄阶段的饲养管理，家兔的捕捉和年龄鉴定方法。 任务目的：了解家兔的生物学特性，掌握家兔的一般饲养管理原则，正确叙述不同季节和不同年龄阶段的饲养管理要点，学会家兔的捕捉和年龄鉴定方法。 任务流程：收集并整理资料，学习家兔的捕捉和年龄鉴定方法，进行家兔的捕捉和年龄鉴定练习。 任务方法：通过收集资料、学习相关知识和实操练习，让学生学会家兔的捕捉和年龄鉴定方法，掌握家兔的捕捉和年龄鉴定方法。
获取信息	要完成任务，需要掌握相关的知识。请收集资料，回答以下问题。 （1）家兔的生物学特性是什么？ （2）家兔的常用饲料种类有哪些？ （3）家兔的饲养管理原则是什么？ （4）家兔不同季节饲养管理要点有哪些？ （5）家兔不同阶段的饲养管理要点有哪些？
制订计划	（1）收集资料。 （2）整理资料。 （3）材料准备。 （4）进行家兔捕捉和年龄鉴别练习。 （5）总结。

（续表）

任务实施	按照预先制订的工作计划，完成本任务，并记录任务实施过程。			
	序号	**完成的任务**	**遇到的问题**	**解决办法**

任务准备

一、知识准备

（一）家兔不同季节的饲养管理技术要点

1. 春季

重点抓好饲料供给，确保家兔有充足且适宜的食物来源；搞好笼舍卫生，及时清理粪便和更换垫草，为家兔创造干净的生活环境；抓紧配种繁殖，利用春季适宜的气候条件，提高繁殖效率。

2. 夏季

做好防暑降温工作，可通过加强通风、设置遮阳设施等方式降低环境温度；精心饲养，根据夏季特点调整饲料配方，保证家兔的营养需求；搞好卫生，定期对笼舍进行消毒，防止疾病滋生。

3. 秋季

抓好秋繁工作，充分利用秋季良好的气候条件，提高繁殖成功率；加强饲养管理，合理调整饲料结构，满足家兔生长和繁殖的需要；搞好防疫卫生，做好疾病预防和控制工作，确保家兔健康。

4. 冬季

注重保暖防寒，采取保温措施，如增加垫草、关闭门窗等，防止家兔受寒；及早备足饲料，避免因冬季物资运输不便等原因导致饲料短缺；抓好冬繁冬养工作，在保证家兔温暖和营养的前提下，提高冬季繁殖和养殖效益。

（二）不同阶段家兔的饲养管理

1. 仔兔的饲养管理

从出生后到断奶时这个阶段的兔称为仔兔。仔兔出生时全身无毛，保温能力差，体温调节能力不健全，一般 4 d 长出茸毛，10 d 才能保持体温恒定，最适环境温度是 30~32 ℃。护理工作必须抓好如下 2 个时期。

（1）睡眠期。仔兔出生后至开眼的时期，称为睡眠期。仔兔在这个时期，除吃奶外都是睡觉。管理重点是让仔兔早吃奶、吃足奶，防止兽害及其他意外伤亡，避免黄尿病发生。

①及时吃到初乳。出生后 4~6 h 内吃到初乳最好。检查仔兔吃奶情况，吃饱了奶的仔兔，皮肤红润而有光泽、肚子圆滚。如仔兔不安，头向上窜，有时发出“吱吱”的叫声，腹部瘪或腹围小，皮肤色暗无光，并有较多皱褶，说明仔兔没吃饱奶。未吃饱可强制哺乳或采取寄养、人工哺乳等措施。

②合理寄养。母兔产仔过多等情况可寄养，选择产期相近的母兔，将仔兔放入保姆兔产箱 1~2 h 后，可使气味相近。寄养注意母仔健康无病且保姆兔泌乳能力适合。

③人工哺乳。母兔患病等情况可人工哺乳，用注射器等做哺乳器，掌握好乳汁温度、浓度和剂量。人工哺乳效果差、成功率低。

④防止吊乳。针对乳汁少和母兔受惊吓导致的吊乳，采取相应预防办法，对出巢的仔兔及时抢救。

⑤防止冻死。仔兔御寒能力差，产箱温度应保持在 30 ℃以上，采取保温措施，及时更换湿垫草、垫毛。

⑥防止鼠害。1 周内的仔兔易受鼠害，应封闭兔舍防止老鼠出入。

⑦防止兔毛打结。长毛兔毛易引起伤害，可剪短或换短毛。

⑧预防黄尿病。1 周内的仔兔易感染此病，关键是防止乳腺炎。

（2）开眼期。仔兔生后 12 d 左右开眼，从开眼到断奶，这段时期称为开眼期。仔兔开眼早迟与发育有关系，发育良好的开眼早。如果兔眼被眼屎粘住，可用药棉蘸水，慢慢洗去。这个时期的仔兔要经历一个从吃奶转变到吃植物性饲料的过程，如果转变太突然，常常会导致死亡。因此，饲养重点是做好仔兔的补料和断奶工作。

①及时补料。一般仔兔出生后 16 日龄就开始尝试着吃饲料。开始可给少量易消化而又富含营养的饲料，如豆浆、豆腐或剪碎的散青草、青菜叶等。22 日龄以后，增加一些配合饲料；25 日龄以后，仔兔要以饲料为主，离开母兔也能生活。补料时应少喂多餐，逐渐增加数量。

②防治球虫病。仔兔出巢以后，在尝试吃饲料时，会误食母兔的粪球或采食被粪便污染的饲料而感染球虫病，而球虫病对仔兔和幼兔伤害极大。平时应注意及时清理粪便，消毒笼具，保持兔舍的干燥卫生，在仔兔的饲料中按预防量加入抗球虫药物，如氯苯胍、磺胺类药物。

③适时断奶。断奶是仔兔饲养的又一关键，一般 40~45 日龄断奶，频密繁殖 28~29 日龄断奶，可一次性或分批断奶。断奶后母兔调整饮食。刚断奶后的仔兔常表现出不安、胆小、食欲降低、生活力下降等状况，应养在温暖干燥的环境，喂给易消化、营养价值高的饲料。

2. 幼兔的饲养管理

从断奶到 90 日龄的兔为幼兔。这个阶段的兔子生长发育快，但抗病力差，要特别注意护理，否则会发育不良，易于患病死亡。

（1）提供良好的环境。断奶仔兔必须养在温暖、清洁、干爽的地方，以笼养为佳。

（2）合理调整饲料。断奶后，逐渐过渡到以幼兔专用饲料为主，同时可适当添加一些新鲜的青草和蔬菜。注意饲料的营养均衡，保证幼兔获得足够的蛋白质、维生素和矿物质等营养物质。青饲料一天喂3次，精饲料一天喂2次，加喂矿物质饲料、少量鱼粉、豆饼等。

（3）分群饲养。根据幼兔的性别、体质强弱等进行分群饲养，避免出现以强欺弱的现象。控制饲养密度，保证每只幼兔都有足够的活动空间。

（4）加强防疫。按照免疫程序及时进行疫苗接种，预防常见的兔病，如兔瘟、巴氏杆菌病等。定期对兔舍进行消毒，保持环境清洁卫生。

（5）饮水要充足。夏季喂凉水，冬季喂温水，加少量食盐。夏季饲料以青草为主，兼喂麦麸、玉米、高粱等精饲料。青饲料含水量高，要在太阳下晒一晒，减少水分。这样可有效地控制幼兔的腹泻和臌胀病。

3. 青年兔的饲养管理

3~6个月的家兔称为青年兔。即从3月龄到初次配种这一时期的兔，又称育成兔。此阶段家兔适应能力和抗逆能力增强，抗病力较强、死亡率低。有些兔已开始发情，为了防止早配，必须将公、母兔分开饲养。

（1）控制生长速度。一般在4月龄之内，采取自由采食，使其吃饱吃好；5月龄以后适当控制精料，避免生长过快导致肥胖，影响其繁殖性能。增加粗饲料的比例，促进青年兔消化系统的发育。

（2）加强运动。为青年兔提供足够的活动空间，让其进行适当的运动，增强体质。可以设置一些障碍物或玩具，增加青年兔的活动兴趣。

（3）观察发情表现。注意观察青年兔的发情表现，为适时配种做好准备。记录青年兔的生长发育情况和发情周期，以便更好地进行管理。

4. 种公兔的饲养管理

生产上要求种公兔体质健壮、发育良好、性欲旺盛、精液品质优良。种公兔的饲养管理要注意以下几方面的工作。

（1）加强选种。兔的产肉、产毛及繁殖性能是可以遗传的，所以，要不断选择生产性能好的公兔作为种用。好的种公兔利用3年后，开始淘汰。青年、壮年、老年兔的比例为3：6：1。

（2）适时配种。一般7月龄左右（体重3 kg以上）试配，8月龄正式配种。一般配2次/天，配2d休息1d。长期不配种的，应定期配种。

（3）单笼饲养，防止早配。青年兔要单笼饲养，防止早配或互相爬跨咬斗；种公兔的笼舍面积要充足；保持笼舍清洁卫生，以减少生殖器官疾病的发生。

（4）合理饲养。公兔不能养得过肥，过肥的公兔繁殖力低。因此要掌握好饲料中各成分的比例。蛋白质含量应稍高一些，糖类饲料少些，每天供给优质青料0.5 kg以上。从配种季节前3周开始，每天添加1/4鲜鸡蛋和2粒鱼肝油丸。在配种旺季，加喂些动物性饲料，如鱼粉、蚕蛹粉等。此外，还要注意磷、钙的供应，精料中配添加2%~3%的骨粉和贝壳粉，0.5%~1.0%的食盐，才能保证营养全面，食欲旺盛。

（5）加强运动，增强体质。给予种公兔适当的运动空间，增强体质。可以在兔舍外设置活动场地，让公兔定期活动。

（6）疾病预防。按照防疫程序，定期给种公兔接种相关疫苗，预防传染病的发生。定期进行体内外驱虫，减少寄生虫对种公兔健康的影响。

5. 种母兔饲养管理

（1）空怀母兔。空怀期是指仔兔断奶后至下次怀孕前。这个时期主要是让母兔正常发育，提高受胎率。在管理上要合理配制饲料，保持母兔的适当肥度。对过肥的母兔，要减少精料，加强运动；对瘦的母兔要增加精料的喂量，使其恢复正常体况。对长期不发情的母兔，可采用异性诱导法或利用激素催情。异性诱导法是每天将母兔放进公兔笼中一次，通过公兔的追逐爬跨刺激，促进母兔脑垂体产生卵泡激素而引起发情，一般通过2~3次公兔的爬跨刺激，就可达到发情的目的。

（2）怀孕母兔。怀孕母兔对环境非常敏感，应保持兔舍安静，避免噪声、突然的声响和人员频繁出入等惊吓因素，以免引起母兔的应激反应，导致流产。还要掌握正确的摸胎方法，摸胎时间最好在配种后10~12 d进行，动作要轻，切忌用手抓、捏或查胚胎数。要求饲料新鲜清洁。注意妊娠后期的营养，在妊娠后15 d胎儿发育很快，增重量为初生体重的90%（产出的胎儿约为55 g），故在此期应提供体积小、营养价值高的饲料。要适当多喂些鲜嫩青草、蛋白质和矿物质，不能喂过多的精料，尤其产前7 d必须大量减少精料的喂量，以免造成母兔死亡或便秘、乳腺炎的发生，还要做好产前准备工作。母兔的怀孕期很短，平均31 d。怀孕后15~20 d内很易流产，所以在管理上要多加注意。临产前3~4 d，要清洗消毒产箱、笼板、食盘、用具等，将晒过弄软的稻草铺在产箱内，再将待产母兔集中到产房，让母兔熟悉环境。如怀孕母兔食量大减，粪便糊烂不成粒状，用嘴扯下胸腹部的毛放在产箱内，就是母兔分娩的预兆，应作好接产准备。母兔分娩时间很短，一般20 min到1 h就可结束。初产母兔需人工看护，以防母兔难产或压死、咬死仔兔。母兔产后要及时喂给干净的水和鲜嫩的青饲料（或温米汤加少量盐），否则会由于口渴而误食仔兔。

（3）哺乳母兔。母兔为了维持生命活动和分泌奶汁，每天都要消耗大量的营养物质。因此，哺乳母兔必须增加饲料量。饲养上应供给充足新鲜的青绿饲料，适当加喂精料，并喂给富含蛋白质、维生素和矿物质的饲料，饮水不可间断。日粮营养成分：消化能为11.3 MJ/kg，粗蛋白质为18%，粗纤维为12%，钙为1%，磷为0.5%，维生素、微量元素适量。

管理上应注意：卫生消毒；观察哺乳情况；防止发生乳腺炎；保持环境安静，防止惊吓；观察兔群发生疾病或者仔兔被带出窝；防止兽害。

家兔的生物学特性、营养需要、饲料配方和饲养管理家兔应遵循的原则

二、材料准备

（一）收集家兔饲养管理的相关资料

（1）家兔的生物学特性。

（2）家兔的饲料种类、饲养标准。

（3）家兔的一般饲养管理原则。

（4）家兔不同季节的饲养管理要点。

（5）家兔不同阶段的饲养管理要点。

（二）工具（材料）准备

兔网（罩）、捕捉钩等捕兔工具，不同年龄阶段的家兔若干只。

三、人员准备

人员分组，每组 5 人，明确职责分工。

任务角色	任务内容
组长：	任务：
组员 1：	任务：
组员 2：	任务：
组员 3：	任务：
组员 4：	任务：

任务筹划

一、内容

明确要调查的项目，明确家兔的捕捉、性别鉴定的具体操作流程及需要的工具材料，并对本任务内容做出科学评价。

二、方法

认真思考如何快速获取相关信息，统筹需要的材料和用具，进行规范操作并撰写报告。

三、流程

第一步：了解家兔的生物学特性。

第二步：查找相关资料，收集家兔的饲料种类、饲养标准及饲养管理原则。

第三步：查找相关资料，收集家兔不同季节的饲养管理要点和不同阶段的饲养管理要点。

第四步：学习每个项目操作的具体技术要领。

第五步：依据标准对家兔进行捕捉、性别鉴定练习。

第六步：任务总结。

任务实施

步骤一：

步骤二：

步骤三：

步骤四：

任务总结：

任务检测

请扫码答题

任务评价

工作任务完成过程评价表

班级:________________　组别:________________　姓名:________________

项目	评分标准	自我评价	小组评价	教师评价
理论知识（30分）	了解家兔的生物学特性和常见饲料种类（10分）			
	掌握家兔的饲养管理原则（10分）			
	掌握家兔不同季节的饲养管理要点和不同阶段的饲养管理要点（10分）			
实操技能（50分）	操作态度积极主动，服从安排（10分）			
	相关信息的收集、整理（10分）			
	团队协作良好，交流合作默契，互帮互助（10分）			

（续表）

<table>
<tr><th>项目</th><th>评分标准</th><th>自我评价</th><th>小组评价</th><th>教师评价</th></tr>
<tr><td rowspan="2">实操技能（50分）</td><td>能够掌握不同季节的饲养管理要点（10分）</td><td></td><td></td><td></td></tr>
<tr><td>能够掌握不同阶段的饲养管理要点（10分）</td><td></td><td></td><td></td></tr>
<tr><td rowspan="2">思政素养（20分）</td><td>能从全局上筹划相关事项或行动的具体安排（10分）</td><td></td><td></td><td></td></tr>
<tr><td>学生热爱动物养殖事业，增强社会责任感（10分）</td><td></td><td></td><td></td></tr>
<tr><td colspan="2">合计（100分）</td><td></td><td></td><td></td></tr>
<tr><td>自我评价与总结</td><td colspan="4"></td></tr>
<tr><td>教师点评</td><td colspan="4"></td></tr>
</table>

任务四　家兔常见病防治

任务导入

家兔在生长、繁殖和生产过程中，受到环境、营养、卫生、管理等因素的影响，导致其生理机能发生异常或紊乱，从而引发各种疾病。这些疾病给家兔带来痛苦，同时也给饲养者带来困扰。及时采取有效的预防和治疗措施对于保护家兔的健康至关重要。

任务工单

班级：＿＿＿＿＿＿＿＿　姓名：＿＿＿＿＿＿＿＿　学号：＿＿＿＿＿＿＿＿

<table>
<tr><td>任务名称</td><td colspan="4">家兔的常见病防治</td></tr>
<tr><td>任务描述</td><td colspan="4">根据实际情况，填写本任务的内容、目的、流程和方法。
任务内容：家兔常见疾病种类；家兔传染病综合防治措施；家兔常见疾病概念、诊断及防治；家兔的给药方法。
任务目的：掌握家兔常见疾病种类；掌握家兔传染病综合防治措施；掌握家兔常见疾病概念、诊断及防治；掌握家兔的给药方法。
任务流程：收集并整理资料，认识和掌握家兔常见疾病概念、诊断及防治，掌握家兔的给药方法并练习操作。
任务方法：收集资料、学习相关知识和实操练习，让学生掌握家兔常见疾病概念、诊断及防治，掌握家兔的给药方法。</td></tr>
<tr><td>获取信息</td><td colspan="4">要完成任务，需要掌握相关的知识。请收集资料，回答以下问题。
（1）家兔疾病产生的原因是什么？常见疾病种类有哪些？

（2）家兔传染病综合防治措施有哪些？

（3）家兔主要疾病免疫及预防用药程序有哪些？

（4）家兔常见疾病的概念、诊断及防治。

（5）家兔的给药方法有哪些？</td></tr>
<tr><td>制订计划</td><td colspan="4">（1）收集资料。
（2）整理资料。
（3）提供材料，让学生了解所准备材料的用途。
（4）让学生进行兔给药方法练习。
（5）总结。</td></tr>
<tr><td rowspan="6">任务实施</td><td colspan="4">按照预先制订的工作计划，完成本任务，并记录任务实施过程。</td></tr>
<tr><td>序号</td><td>完成的任务</td><td>遇到的问题</td><td>解决办法</td></tr>
<tr><td></td><td></td><td></td><td></td></tr>
<tr><td></td><td></td><td></td><td></td></tr>
<tr><td></td><td></td><td></td><td></td></tr>
<tr><td></td><td></td><td></td><td></td></tr>
</table>

任务准备

一、知识准备

家兔常见病介绍

1. 兔瘟（兔病毒性出血症）

（1）概念。由兔病毒性出血症病毒引起的一种急性、高度接触性传染病，四季均发，传播迅速，死亡率高。

（2）诊断要点。突然发病；体温升高，呼吸急促，精神沉郁，食欲废绝。死前兴奋、尖叫、抽搐；部分兔鼻孔流泡沫样血液；肛门松弛，周围黏附黄色黏液，实质脏器淤血、出血、水肿。

（3）防治。本病目前尚无特效疗法。

①免疫血清配合葡萄糖静注。

②本病预防主要靠对受威胁区及疫区内健康和假定健康兔进行紧急免疫接种。定期接种兔瘟疫苗可预防本病。

2. 毛癣病

（1）概念。由真菌引起的一种传染病，潮湿多雨环境下多发。

（2）诊断要点。头部、嘴角、耳部、四肢、腹下形成环形脱毛，皮肤附着灰黄色痂皮，痂皮脱落后引起溃疡，奇痒致使患兔引发一系列全身症状。

（3）防治。

①患部周围剪毛，用温肥皂水洗去癣皮，涂擦制灰黄霉素软膏、10% 的水杨酸钠软膏。

②克霉唑片剂，母兔每次内服 0.3 g，每天 2 次，连用 7~10 d。

③灰黄霉素，25 mg/kg，制成水溶液内服，1 次 / 天，连用 14 d。

3. 兔球虫病

（1）概念。由艾美尔属球虫寄生于兔的胆管和肠道上皮而引起的常见寄生虫病，主要侵害 1~3 月龄仔兔，死亡率高。

（2）诊断要点。肝型球虫病，肝脏肿大，肝区疼痛，腹部鼓胀，腹腔积水，结膜黄染，消瘦。肠型球虫病呈现腹泻、血便等症状。临床多见肝肠混和型，兔死前四肢痉挛麻痹。

（3）防治。

磺胺二甲基嘧啶与三甲氧苄氨嘧啶，按 5∶1 混合后以 0.02% 的浓度拌料，连用 3~5 d 为一疗程，隔 1 周后重复一次。

4. 感冒

（1）概念。因气候骤变、寒冷侵袭、潮湿阴冷等导致兔体质下降而发生的一种呼吸道常见病。

（2）诊断要点。精神沉郁，食欲减退，体温升高，打喷嚏，流鼻液，呼吸困难，结膜潮红，耳壳发凉。

（3）防治。

①安乃近注射液每只每次 1 mL，2 次 / 天，肌注。

②银翘解毒丸，2 片 / 次，2 次 / 天，连用 2~3 d。

防止继发感染，用青霉素 20 万 ~40 万 IU，链霉素 15 万 ~40 万 IU，病毒灵 2~3 mL，混合肌注，2 次 / 天，连用 2~3 d；发热严重者用柴胡注射液 1~2 mL，2 次 / 天，肌注。

5. 毛球病

（1）概念。由于饲养管理不当，营养缺乏，新陈代谢障碍，皮肤癣病等原因致使家兔吞食大量被毛而引起的消化机能障碍疾病。

（2）诊断要点。患兔食欲减退，大便秘结，粪便内有毛，如毛球过大则可能堵塞肠管和胃部，引起腹部胀痛，不及时治疗，患兔则会逐渐消瘦、衰竭。

（3）治疗。内服液体石蜡或蓖麻油 15~20 mL，用温肥皂水灌服，2~3 次 / 天，每次 50~100 mL，毛球排出后，给予易消化的饲料，喂服苏打片。

兔病概况、疾病发生的原因和传染病综合性防治

二、材料准备

家兔疾病产生的原因；常见疾病的种类；家兔的疾病预防措施；家兔常见疾病的概念、诊断及防治等。

三、人员准备

人员分组，每组 5 人，明确职责分工。

任务角色	任务内容
组长：	任务：
组员 1：	任务：
组员 2：	任务：
组员 3：	任务：
组员 4：	任务：

任务筹划

一、内容

明确要调查的项目和需要收集的相关信息及材料。

二、方法

认真思考如何快速获取相关信息和材料，进行相应知识点的巩固练习。

三、流程

第一步：了解家兔疾病产生的原因及常见疾病的种类。

第二步：查找相关资料，整理收集家兔的疾病预防措施及兔场常备的消毒和外用药品。

第三步：查找相关资料收集家兔常见疾病的概念、诊断及防治方法。

第四步：学习每个项目操作的具体技术要领。

第五步：依据要求进行相应知识点的巩固练习。

第六步：任务总结。

任务实施

步骤一：

步骤二：

步骤三：

步骤四：

任务总结：

任务检测

请扫码答题

任务评价

工作任务完成过程评价表

班级：________________　组别：________________　姓名：________________

<table>
<tr><th>项目</th><th>评分标准</th><th>自我评价</th><th>小组评价</th><th>教师评价</th></tr>
<tr><td rowspan="3">理论知识（30分）</td><td>了解兔疾病产生的原因及常见疾病种类（10分）</td><td></td><td></td><td></td></tr>
<tr><td>掌握家兔的疾病预防措施及兔场常备的消毒和外用药品（10分）</td><td></td><td></td><td></td></tr>
<tr><td>家兔常见疾病概念、诊断及防治方法（10分）</td><td></td><td></td><td></td></tr>
<tr><td rowspan="5">实操技能（50分）</td><td>操作态度积极主动，服从安排（10分）</td><td></td><td></td><td></td></tr>
<tr><td>能够进行相关信息的收集、整理（10分）</td><td></td><td></td><td></td></tr>
<tr><td>团队协作良好，交流合作默契，互帮互助（10分）</td><td></td><td></td><td></td></tr>
<tr><td>能够掌握家兔的疾病预防措施及兔场常备的消毒和外用药品（10分）</td><td></td><td></td><td></td></tr>
<tr><td>能够掌握家兔常见疾病概念、诊断及防治方法（10分）</td><td></td><td></td><td></td></tr>
<tr><td rowspan="2">思政素养（20分）</td><td>培养预防为主，治疗为辅的理念（10分）</td><td></td><td></td><td></td></tr>
<tr><td>具备耐心细致认真的学习精神（10分）</td><td></td><td></td><td></td></tr>
<tr><td colspan="2">合计（100分）</td><td></td><td></td><td></td></tr>
<tr><td>自我评价与总结</td><td colspan="4"></td></tr>
<tr><td>教师点评</td><td colspan="4"></td></tr>
</table>

项目二 茸鹿养殖与疾病防治

项目导读

随着人们对健康养生的日益重视，鹿茸等鹿产品的市场需求不断增长。茸鹿养殖作为一项具有潜力的特色农业项目，不仅能够为养殖户带来经济收益，还能满足市场对高品质鹿产品的需求。同时，疾病防治是茸鹿养殖过程中的关键环节，直接关系到养殖效益和鹿群的健康。全国各地都有专业性养鹿场，发展养鹿业是一条收益高、见效快的致富途径。本项目主要介绍鹿的品种、鹿的繁殖、鹿的饲养管理、鹿茸的采收及鹿常见病防治等内容。

知识目标

（1）了解鹿的养殖概况与经济价值。
（2）掌握鹿的生活习性和生理特点。
（3）熟知鹿的繁殖特点。
（4）掌握不同季节鹿和不同阶段鹿群的饲养管理技术。
（5）掌握鹿放牧的日常饲养管理要点。
（6）掌握鹿茸生长规律、鹿茸采收及加工方法和过程。
（7）熟悉评定不同鹿茸的质量标准、茸鹿常见疾病的概念及临床特征和诊治技术要点。
（8）了解鹿肝片吸虫的生活史及其危害性。
（9）知道预防鹿口蹄疫应采取哪些综合防治措施。

技能目标

（1）能够查阅、分析整理茸鹿品种资料，能够识别常见的一些茸鹿品种。
（2）能够掌握不同阶段鹿的饲养管理技术。
（3）能够准确识别并评价各类不同等级的鹿茸。

（4）能够掌握鹿常见病的诊治技术。

素质目标

（1）培养学生分析和解决问题的能力，能够注重品种保护，建立“种子是农业的芯片”的科学认识，能够依据实际情况选择合适的饲养品种。

（2）树立安全意识，能够保障个人人身安全。

（3）遵守工作纪律，能够恰当有效地利用时间，有效地计划并实施，按时完成各项任务。

（4）能够主动承担工作任务，尊重他人意见，遵从集体决策，遵守各种行为规范和操作规范。

（5）树立严谨求实的工作态度。

任务一　茸鹿的品种

任务导入

鹿作为一种珍稀动物，自古以来就备受人们的喜爱。在我国古代，贵族就把鹿作为宠物来饲养，而鹿角被认为是吉祥的象征。鹿产业是指以鹿为主要生产对象的特色养殖产业。近年来，随着人们对健康食品需求的增加和鹿产业的技术进步，鹿产业逐渐成为一个新兴的、具有广阔市场前景的产业。发展养鹿业是一条收益高、见效快的致富途径。但是，由于很多地区村民此前没有养鹿的经验，甚至连基本的品种都不认识，所以，需要你帮助他们进行茸鹿品种的识别，方便他们选择养殖的品种。

任务工单

班级：________________　姓名：________________　学号：________________

任务名称	茸鹿的品种的识别
任务描述	根据实际情况，填写本任务的内容、目的、流程和方法。 任务内容：茸鹿常见品种的识别。 任务目的：掌握茸鹿常见品种的识别；掌握要领；着重掌握外貌特征和生产性能。 任务流程：收集并整理资料，让学生观察茸鹿常见品种图片，阅读鉴定材料，进行品种识别练习。 任务方法：通过让学生观察茸鹿品种图片、阅读鉴定材料和实操练习，掌握品种识别技能。 要完成任务，需要掌握相关的知识。请收集资料，回答以下问题。

（续表）

<table>
<tr><td>获取信息</td><td colspan="4">（1）茸鹿的经济价值及养殖意义是什么？
（2）青海省养鹿情况。
（3）常见茸鹿的品种有哪些？
（4）常见茸鹿品种的主要特征有哪些？
（5）常见茸鹿品种的主要生产性能有哪些？</td></tr>
<tr><td>制订计划</td><td colspan="4">（1）收集文字、图片等资料。
（2）整理资料。
（3）提供茸鹿品种图片，让学生观察。
（4）阅读材料，进行鹿品种识别训练。
（5）总结。</td></tr>
<tr><td rowspan="6">任务实施</td><td colspan="4">按照预先制订的工作计划，完成本任务，并记录任务实施过程。</td></tr>
<tr><td>序号</td><td>完成的任务</td><td>遇到的问题</td><td>解决办法</td></tr>
<tr><td></td><td></td><td></td><td></td></tr>
<tr><td></td><td></td><td></td><td></td></tr>
<tr><td></td><td></td><td></td><td></td></tr>
<tr><td></td><td></td><td></td><td></td></tr>
</table>

任务准备

一、知识准备

主要茸鹿的品种介绍

我国养茸鹿的主要目的是获取鹿茸，凡是生产有药用价值鹿茸的茸鹿称为茸用茸鹿或茸鹿。目前我国人工饲养的茸鹿主要为梅花鹿和马鹿。青海省人工饲养和野生的茸鹿种主要有梅花鹿、马鹿、白唇鹿、水鹿、狍鹿等。

1. 梅花鹿

梅花鹿雌雄异形，雄鹿长角，角通常分为3~4叉；雌鹿则无角。梅花鹿耳大直立，四肢及颈部细长，躯干匀称，尾巴较短，体态清秀。冬毛栗棕色，绒毛厚密，无明显白色斑点。夏毛红棕色，无绒毛，体侧有明显的白色斑点，腹下灰白色或近于白色。雌鹿眼下有一对泪窝，眶下腺比较发达。雄鹿生后翌年长出锥形角，俗称“毛桃”。第三年角开始分叉，发育完全的成角为四叉形；4月份角脱落，之后长出鹿茸；夏末生长成熟并完全骨化；9月份茸皮脱落，形成鹿角。我国的梅花鹿有华南亚种、四川亚种、华北亚种、山西亚种、台湾亚种、东北亚种6个亚种。东北梅花鹿成年雄鹿体高为100~110 cm，体长为85~95 cm，体重为90~140kg；成年雌鹿体高为80~105 cm，体长为75~85 cm，体重为60~80 kg。四川梅花鹿成年雄鹿体高为100~105cm，体长为120~145 cm，体重为120~150 kg。成年雌鹿体高为100~105 cm，体长为140~145 cm，体重为110~105 kg。

2. **马鹿**

马鹿眶下腺发达，泪窝明显，肩高背直，四肢较长，后肢和蹄较发达，夏毛红棕色或栗色，因此也叫赤鹿，属于大型茸用茸鹿，同时具有良好的产肉性能。雌雄异形，雄鹿长角，成年马茸鹿角呈六叉形；雌鹿无角。马鹿的主要品种有东北马鹿、天山马鹿和塔里木马鹿。东北马茸鹿的夏毛为棕色或栗色，无绒毛；冬毛灰棕色，毛厚密，有绒毛，颈部及身体背面稍带褐色，有一深棕色条纹从颈部开始沿背中线延伸到体后，未成年茸鹿尤为明显。腹毛灰棕色，臀部有一黄褐色大斑，夏深而冬浅。四肢外侧棕色，内侧较淡。幼鹿体表具有白色斑点，排列成纹，体侧各有斑纹4~5条，第一次换毛斑纹消失。东北马鹿成年雄鹿体重为230~300 kg，肩高为130~140 cm，雌鹿体重为160~200kg，肩高约为120 cm。天山马鹿体型较东北马茸鹿小，夏秋毛呈栗色，冬毛灰黄色；臀斑不明显，冬季为白色。

3. **水鹿**

水鹿俗称黑鹿，在广东省有的地方称为“山牛”。其体型接近马鹿，体型粗壮。雌鹿较矮小。水鹿泪窝较大，鼻镜黑色，颈毛较长，尾端密生蓬松的黑色长毛；被毛黑褐色，冬毛深灰色；有黑棕色背中线，臀周围呈锈棕色，无臀斑。茸角为单门桩，眉枝短，并与主干形成锐角。茸型与白唇鹿相似，但眉二间距较短。野生水鹿喜水，常活动于水边，栖息于阔叶林、混交林、稀树的草场和高原地带，在清晨、黄昏觅食；雨后特别活跃；平时单独活动，有一定的行动路线。成熟雄鹿体高在130 cm左右，体长为130~140 cm，体重为250~300kg。1~10锯鹿三叉鲜茸单产为1.94kg左右，最高个体产鲜茸达6.2kg。水鹿生茸最佳年龄为8锯。水鹿一般24月龄以后开始初配；每年4—7月份发情交配，1—3月份产仔；妊娠期为250~270 d；发情周期平均为20 d；繁殖成活率较低。

4. **白唇鹿**

白唇鹿是我国特产，俗称“黄鹿”。主要分布于青海省。白唇鹿体型高大但小于东北马鹿；尾巴是大型鹿类中最短的，仅有10~15 cm；头略呈等腰三角形；耳尖长内弯；胸宽深；蹄宽阔；行走时低着头，蹄关节发出“咯吱、咯吱”的响声；眶下腺大而深，十分显著，可能与相互间的通信有关；鼻端两侧和上唇呈白色；下颌切迹之间有鹊卵大的明显白斑；有白眼圈。白唇鹿全身被毛粗硬，呈黄褐色；通体被毛十分厚密，毛粗硬且无绒毛，毛色在冬夏有差别；在尾巴周围有黄色斑块，因此当地人也称它为“黄臀鹿”。雄性白唇鹿有角，角的主干扁平，故也称它为“扁角鹿”。成角一般5个叉，角基距很宽。茸的主干扁平，各叉分生部位高。茸为单门桩，黑壳茸。白唇鹿栖息于海拔3 500~5 000 m的雪山或高山林带及灌木丛中，特别喜欢在林缘的矮树丛中生活。白唇鹿是仅次于驯鹿的一种强群性鹿。成年雄鹿体高为120~130 cm，体长为110~115 cm，体重为220~280kg；雌鹿体重为140~200kg。1~10锯鹿鲜茸平均单产为3.4 kg，最高产量为5.2 kg。三叉茸主干长为75~90 cm，眉二间距为50 cm左右，眉枝长为12~13 cm。白唇鹿18月龄性成熟，繁殖成活率为42%~76%。

5. 驯鹿

驯鹿又称“角鹿”“林海之舟”“假四不像”“北方鹿”。驯鹿系中型鹿，成年雄鹿体高为101~114cm，体长为113~127cm，体重为109~148kg；雌鹿体高为92~101cm，体长为104~115cm，体重为73~105kg。家养驯鹿被毛以灰褐色为主，无背线和花斑。驯鹿头直面长，嘴粗，唇发达，耳似马耳，眼较大，眼眶突出，鼻孔大，颈粗短，下垂明显，无鼻镜，鼻孔生长着短绒毛；嚣毛和会阴毛密生，呈白色；无距毛，掌面宽阔，是鹿类中最大的。驯鹿公母都长茸角，角的分枝繁复是其外观上的重要特征。驯鹿长角分枝繁复，有时超过30叉；蹄子宽大；悬蹄发达；尾巴极短。驯鹿的身体上覆盖着轻盈但极为抗寒冷的毛皮。仔鹿出生后10 d左右就开始生长初角茸。阉割去势的雄鹿也长茸。驯鹿的集群性和游牧性都很强。驯鹿在散放条件下，可觅食200余种植物性饲料，并喜食地衣类植物和鸟卵。驯鹿性情极温驯，并由此而得名。驯养的成年驯鹿，留茸茬高度为20.0 cm左右，其平均每副成品茸重为0.5 kg。驯鹿茸质地松嫩，茸的鲜干比例很高，茸毛密长。驯鹿生后16~18个月性成熟；种用年龄以4~10岁（母）和2.5~5.5岁（公）为佳；发情周期15~16 d；妊娠期225 d（215~238 d），雄性胎儿的妊娠期比雌性胎儿长3~5 d；偶有双胎；产仔率为50%~85%；成年雌雄鹿的屠宰率分别为47.4%和52.8%，屠宰量分别为50~80 kg和40~60 kg，出肉率为42%左右。在大森林、山地、苔原道路、泥泞地、冰地面进行移牧、科学考察、狩猎、运送粮食物品等，都可由役用驯鹿来完成。驯鹿是大型动物园和旅游景点较佳观赏鹿种之一。

6. 狍鹿

狍鹿是鹿科、狍属的一种食草动物，体长约为1.2 m，体重约为30 kg，有着细长的颈部及大眼睛、大耳朵。狍鹿无獠牙，后肢略长于前肢，尾短；雄狍有角，雌性无角，雄性长角只分三个叉。狍身草黄色，尾根下有白毛，尾巴仅2~3 cm。狍鹿栖息在不同类型的落叶林和混交林及森林草原上，活跃在疏林带、河谷及缓坡上，由雌狍及其后代构成家族群，通常3~5只，雄狍仲夏才入群。鹿群晨昏活动，晚上最活跃。雄狍鹿角冬天脱落，新角最迟3月开始生长，6、7月长成，此时进入发情期。雄狍鹿用角剥开树皮并留下前额臭腺的分泌物作为自己地盘的标志。狍鹿通常是双胞胎。狍鹿是中国东北地区常见的野生动物之一，经济价值较高，属国家“三有”保护动物。

7. 坡鹿

坡鹿体型与梅花鹿相近，如图2-7所示。成年雄鹿体重为100 kg左右，成年雌鹿为60 kg左右。坡鹿体型狭长，颈部和四肢也较为细长，主蹄狭窄而尖，侧蹄小。雄鹿有角，主干弯曲向前与眉叉几乎呈弯弓形，主干下面不分叉，上端生有3~6个长短不一、又尖又细的小尖；雌鹿无角。坡鹿体毛一般为赤褐色到黄褐色；背部颜色较深，背中央由颈部至尾巴的基部有一条纵行的黑褐色脊带纹，带纹两侧点缀着白色花形斑点，每个斑点如铜钱般大小，臀部也有少许白色斑点；颜面部及耳朵的背面为黄褐色，耳缘带有黑色，耳内为白色；尾巴的背面为栗棕色，腹面为白色或淡褐色；夏毛多呈棕黄色，有黑色背线，背线两侧各有一列整齐的白斑。雄鹿有角，眉枝从主干基部向前上方成弧形伸展，主干向后上方成弧形伸展，并且无大分枝。坡鹿主要栖息于海南省西部和西南部海拔 200 m 以下的低山、平坦地区。灌木丛及林缘草地是坡鹿经常活动的环境。坡鹿食性广，主要采食草本植物和木本植物的幼嫩部分；喜食落地的木花；性情温顺，喜群居；昼夜活动；对环境有较强的留恋性。12 月至翌年 6 月的每日上午和傍晚是坡鹿的采食高峰。临产前的雌鹿以小群或单独在较隐蔽的林间草地活动，选择有乔、灌木混杂的草地产仔。雄仔鹿 7 个月龄以后生长初角茸。成年雄鹿每年 6—7 月份脱盘，7—9 月份为生茸旺期，10 月份之前的茸质最佳。成形茸鲜重为 1~2kg。坡鹿出生后 18 个月性成熟；每年 2—6 月份发情配种，4—5 月份为旺期。妊娠期 7~8 个月，9 月初至翌年 2 月中旬产仔，每产 1 仔。仔鹿初生体重为 2.9~3.8 kg，到 11 月龄时，雄鹿体重可达 37.5 kg，雌鹿可达 32.5 kg。驯养幼鹿日增重可达 0.083~0.117 kg。

茸鹿的动物学分类和养殖概况

二、材料准备

（一）调查青海省养鹿业的基本情况

对青海省养鹿情况进行调查，包括规模、养殖情况、养殖品种等。

（二）收集常见品种的相关资料

主要包括鹿主要品种的文字及图片资料。

三、人员准备

人员分组，每组 5 人，明确职责分工。

任务角色	任务内容
组长：	任务：
组员 1：	任务：
组员 2：	任务：
组员 3：	任务：
组员 4：	任务：

任务筹划

一、内容

明确要调查的项目，确定要重点调查的品种，以及其品种特性、市场价格、市场占有率等。

二、方法

认真思考如何才能获取更好的信息，以及通过哪些渠道获取信息资料，并对这些资料进行加工编撰，形成可供村民选择的方案。

三、流程

第一步：了解我国茸鹿的养殖特点。
第二步：调查青海省养鹿业的基本情况。
第三步：调查常见茸鹿品种的养殖情况。
第四步：根据收集整理的茸鹿常见品种资料，进行品种识别练习。

任务实施

步骤一：
步骤二：
步骤三：
步骤四：
任务总结：

任务检测

请扫码答题

任务评价

工作任务完成过程评价表

班级：________ 组别：________ 姓名：________

项目	评分标准	自我评价	小组评价	教师评价
理论知识（30分）	了解茸鹿的经济价值及养殖意义（10分）			
	了解茸鹿的概念及主要品种（10分）			
	掌握茸鹿常见品种的特点（10分）			

（续表）

项目	评分标准	自我评价	小组评价	教师评价
实操技能（50 分）	操作态度积极主动，服从安排（10 分）			
	能够进行相关信息的收集（10 分）			
	能够识别茸鹿的主要品种（10 分）			
	能够对信息进行整合与分析（10 分）			
	能够准确识别茸鹿的常见品种（10 分）			
思政素养（20 分）	能够感受我国鹿品种的丰富多样性，增强民族自豪感（10 分）			
	能够热爱动物，养成积极保护稀有动物的习惯（10 分）			
合计（100 分）				
自我评价与总结				
教师点评				

任务二　茸鹿的繁殖

任务导入

繁殖是茸鹿养殖过程中非常重要的一个环节，是茸鹿群持续发展的关键。在茸鹿的养殖过程中，不少养殖户坚持自繁自养。自繁自养的前提是学会茸鹿的繁殖技术，对于养殖新手来说，茸鹿该如何繁殖呢？养殖户又需要做哪些工作呢？饲养者要根据茸鹿的繁殖习性和生理周期，选择合适的配种时机和方法。同时，要做好茸鹿怀孕期和分娩期的保健工作，提供适当的饲料和营养，确保雌鹿和幼鹿的健康。此外，还应加强对幼鹿的护理和饲养，提供良好的生活环境和适宜的饲料。本任务主要介绍茸鹿的繁殖规律、发情、配种、妊娠及分娩等内容。

任务工单

班级：__________ 姓名：__________ 学号：__________

<table>
<tr><td>任务名称</td><td colspan="4">茸鹿的繁殖</td></tr>
<tr><td>任务描述</td><td colspan="4">根据实际情况，填写本任务的内容、目的、流程和方法。
任务内容：茸鹿的繁殖规律；茸鹿的发情、配种方法；茸鹿的妊娠和分娩。
任务目的：掌握引种方法，理解茸鹿的繁殖规律，掌握茸鹿的发情鉴定、妊娠和分娩的相关知识。
任务流程：收集并整理资料，学习茸鹿的繁殖规律，以及茸鹿的发情鉴定、妊娠和分娩相关知识技能。
任务方法：通过收集资料、学习相关知识和实操练习，让学生掌握茸鹿的繁殖规律，学会茸鹿的发情鉴定，掌握妊娠及分娩的相关知识。</td></tr>
<tr><td>获取信息</td><td colspan="4">要完成任务，需要掌握相关的知识。请收集资料，回答以下问题。
（1）茸鹿如何引种？

（2）茸鹿的繁殖规律是什么？

（3）茸鹿的发情表现、发情鉴定方法。

（4）茸鹿的配种方法有哪些？

（5）茸鹿妊娠的表现有哪些？</td></tr>
<tr><td>制订计划</td><td colspan="4">（1）收集资料。
（2）整理资料。
（3）准备材料。
（4）进行相关知识点的巩固训练。
（5）总结。</td></tr>
<tr><td rowspan="6">任务实施</td><td colspan="4">按照预先制订的工作计划，完成本任务，并记录任务实施过程。</td></tr>
<tr><td>序号</td><td>完成的任务</td><td>遇到的问题</td><td>解决办法</td></tr>
<tr><td></td><td></td><td></td><td></td></tr>
<tr><td></td><td></td><td></td><td></td></tr>
<tr><td></td><td></td><td></td><td></td></tr>
<tr><td></td><td></td><td></td><td></td></tr>
</table>

任务准备

一、知识准备

（一）茸鹿的配种

1. 配种前的准备工作

（1）鹿群的调整。

①母鹿群的调整。对繁殖母鹿应于 8 月中旬断乳，并按年龄、体况及育种规划组成配种群（梅花鹿每群 15~18 头、马鹿每群 10~12 头）。对母鹿也应加强饲养，进入配种期应达到中上等膘情，但不宜过肥，并应合理地安排好雌雄鹿舍，准备好配种记录。

②公鹿群的调整。应根据历年的产茸情况、种用能力及育种方向选择种雄鹿，应选择年龄 3~7 岁、精力充沛、性欲旺盛、精液品质好、产茸量高的作种公鹿。要求产茸量：梅花鹿标准三叉茸鲜重单产在 3.5 kg 以上、马鹿为 5.5 kg（三叉）或 7.5 kg（四叉）以上，并从 7 月中旬后加强种雄鹿的饲养。

（2）配种方案的制定和用品的准备。用品包括：医疗用品和圈舍的维修材料、各种记录表等。

（3）圈舍的检修。

2. 配种方法

（1）雄鹿常驻法。要有充足的圈舍，即在雌鹿发情配种季节，将 20~25 头雌鹿编成一群，选择一头种雄鹿放入群中，一配到底，或中途更换雄鹿。此种方法方便省事，正常情况下受胎率可达 90% 以上。

（2）昼配夜息法。即白天把雄鹿放入配种群中配种，夜间休息，减少雄鹿体力消耗，受胎率比常驻法高。也可用试情雄鹿找出发情雌鹿，再放入种雄鹿交配。

（3）定时放对法。根据雌鹿发情多集中于早晨和晚上的特点，可在每天早晨 5 点钟甚至更早将雄鹿放入雌鹿群中，令其与发情雌鹿交配，配完一头赶走一头，再与另一头雌鹿配种。

（4）放鹿配种法。这种方法要求鹿驯化程度很高，且经常放牧。在放牧的成年雌鹿群中混入适当比例的种雄鹿，组成配种放牧群，采取每日 2 次出牧活动，使鹿在牧场上交配。这种方法可以收到早配种、早产仔、仔鹿当年生长期长、发育好的效果。

（5）人工授精法。除上述配种方法外，近几年也有采用人工授精的方法给雌鹿配种。一般 1 头雄鹿可配 150~200 头雌鹿，这样可以充分利用优秀雄鹿，加快鹿的良种繁育进程。

①保定。采用药物麻醉，常用麻醉药有洛姆硼、氯胺酮、赛胺酮等。

②采精。采精器由电刺激器和直肠探棒两部分组成。

麻醉后的雄鹿先灌肠排粪，并将阴茎及其周围洗拭干净，再将探棒插入直肠，开启电源，以 30~50 Hz 的频率、12 V 之内的电压、100 mA 之内的电流通电刺激，由低到高，通断电间隔各 10 s，阴茎很快即可勃起和射精。采出的精液立即进行精液检查，将合格的精液稀释 5~10 倍，然后保存在 1~5 ℃的环境中，可保存 4~5 d 而不失去活力。

③输精。稀释后的精液，用羊型输精器以 1 mL 为标准分装，然后给麻醉后的发情雌鹿输精。输精时要将精液输入到子宫内才能获得较高的受胎率。

（二）茸鹿的妊娠

1. 妊娠期

妊娠期是从受精卵开始到胎儿正常产出的一段时间。梅花鹿的妊娠期为 231~236 d（怀公仔比怀母仔平均多 3 d，怀双胎比单胎约少 5 d）；东北马鹿的妊娠期为 249~260 d；天山马鹿的妊娠期为 224 d。

2. 妊娠表现

新陈代谢变得旺盛，食欲增加，消化能力提高，体重增加，毛色光润，性情变得温驯，行动谨慎，沉静安稳。

3. 保胎措施

满足母体和胎儿的营养需要，减少不良刺激，维持环境安静。

（三）茸鹿的分娩

雌鹿把子宫内发育成熟的胎儿产到体外的一系列生理变化过程称为分娩。

1. 分娩时间（产仔期）

正常的产仔日期一般为 5 月上旬至 7 月中旬，产仔旺期为 5 月中旬到 6 月中旬，至少有 80% 的妊娠雌鹿产仔。马鹿比梅花鹿早发情配种 10~15 d，而妊娠期恰好比梅花鹿长 10~15 d，所以，它们的产仔日期相近。母鹿产仔，应在 5 月下旬和 6 月上旬，集中产完最为有利。如果产仔期延迟到 7 月至 8 月初，正值盛夏多雨季节，一旦卫生情况不良，由于初生仔鹿抵抗力弱，会导致发病率高，影响仔鹿的生长发育。

2. 临产表现

孕鹿产前 10 余天乳房开始迅速发育、膨胀，乳头增粗，腺体充实。

3. 分娩雌鹿的监护

分娩前的准备工作：对产仔圈进行彻底清扫消毒；在鹿舍一侧设仔鹿保护栏，并铺好干燥洁净的垫草等，为仔鹿创造安静、舒适的栖息和生活环境；准备好奶牛、奶羊或牛、羊奶（最好有初乳）；准备好鹿难产助产、防治仔鹿疾病等各种有关设备、药物、器具和物品；准备好产仔记录表等。

产仔期的工作：注意看护雌仔鹿，对初生仔鹿及时剪耳号、称重，认真填写产仔记录（包括产仔的序号、产仔日期、经产雌鹿号、产仔只数、仔鹿性别和耳号、初生重等）。

雌鹿在常规情况下很少需要人工助产，但必须加强产后护理。雌鹿分娩后异常口渴，要尽快喂些温麸皮粥或小米粥，放少许盐，有利于解除疲劳和促进泌乳。监护仔鹿要尽早吃到初乳，使其获得一定水平的母源抗体，有利于提高仔鹿成活率。

茸鹿的繁殖规律和利用年限

二、材料准备

（1）茸鹿的性成熟期、初配年龄、种用年限。
（2）发情表现、发情鉴定方法、配种方法。
（3）妊娠期、产仔期应做的工作。

三、人员准备

人员分组，每组 5 人，明确职责分工。

任务角色	任务内容
组长：	任务：
组员 1：	任务：
组员 2：	任务：
组员 3：	任务：
组员 4：	任务：

任务筹划

一、内容

明确要调查的项目，明确茸鹿的性别鉴别、发情鉴定及妊娠诊断的具体操作流程，以及需要的工具材料，并对本任务内容做出科学评价。

二、方法

认真思考如何快速获取相关信息，统筹需要收集的材料，进行相应知识点的巩固练习。

三、流程

第一步：了解茸鹿繁殖规律。
第二步：查找相关资料了解茸鹿的繁殖规律，熟记茸鹿性成熟期、初配年龄、种用年限、发情表现、配种方法、妊娠期等。
第三步：学习每个操作项目的技术要领。
第四步：依据标准对茸鹿进行相应知识点的巩固练习。
第五步：任务总结

任务实施

步骤一：

步骤二：
步骤三：
步骤四：
任务总结：

任务检测

请扫码答题

任务评价

工作任务完成过程评价表

班级：________________ 组别：________________ 姓名：________________

项目	评分标准	自我评价	小组评价	教师评价
理论知识（30分）	了解茸鹿的繁殖规律及利用年限（10分）			
	了解茸鹿的配种方法（10分）			
	掌握茸鹿的妊娠和分娩的相关知识（10分）			
实操技能（50分）	操作态度积极主动，服从安排（10分）			
	能够进行相关信息的收集及整合（10分）			
	能够进行茸鹿的发情鉴定（10分）			
实操技能（50分）	能够进行茸鹿的配种前和分娩前的准备工作（10分）			
	能够进行茸鹿产仔期的相关工作（10分）			
思政素养（20分）	培养“理论联系实际”的思维（10分）			
	能够细致认真地分析资料（10分）			
合计（100分）				

（续表）

自我评价与总结	
教师点评	

任务三　茸鹿的饲养管理

任务导入

茸鹿是经济价值很高的食草动物，养殖茸鹿是一项经济效益非常好的项目，我国茸鹿养殖业历史悠久，并且取得了巨大的成就。中国已成为世界茸鹿业大国，茸鹿出栏量、茸鹿肉产量和茸鹿肉出口量均居世界首位。但因茸鹿的驯养较晚，饲养试验起步也较晚，至今还没有制定出一个科学的饲养标准。在饲养茸鹿的过程中，正确的养殖与管理是确保茸鹿健康生长和高产的关键。要想创造良好的经济效益，首先要掌握过硬的养殖技术。

任务工单

班级：＿＿＿＿＿＿＿＿＿＿　姓名：＿＿＿＿＿＿＿＿＿＿　学号：＿＿＿＿＿＿＿＿＿＿

任务名称	茸鹿的饲养管理
任务描述	根据实际情况，填写本任务的内容、目的、流程和方法。 任务内容：茸鹿的生物学特性；茸鹿的饲料和营养需要；茸鹿的饲养管理原则；茸鹿的驯化和不同年龄阶段的饲养管理；茸鹿养殖场规划设计。 任务目的：了解茸鹿的生物学特性，掌握茸鹿的饲料和营养需要；掌握茸鹿的饲养管理原则；掌握茸鹿的驯化和不同年龄阶段的饲养管理；学会茸鹿养殖场的规划设计。 任务流程：收集并整理资料，学习相关知识；学会茸鹿养殖场规划设计方法，然后进行茸鹿养殖场规划设计并画图。 任务方法：通过收集资料、学习相关知识、进行实操练习，让学生学会相关知识和茸鹿养殖场的规划设计方法。

（续表）

<table>
<tr><td>获取信息</td><td colspan="4">要完成任务，需要掌握相关的知识。请收集资料，回答以下问题。
（1）茸鹿的生物学特性有哪些？
（2）茸鹿的常用饲料种类。
（3）茸鹿的饲养管理原则有哪些？
（4）茸鹿的驯化方法和不同阶段的饲养管理原则。
（5）如何进行茸鹿养殖规划设计？</td></tr>
<tr><td>制订计划</td><td colspan="4">（1）收集资料。
（2）整理资料。
（3）准备材料。
（4）进行茸鹿养殖场规划设计并画图。
（5）总结。</td></tr>
<tr><td rowspan="6">任务实施</td><td colspan="4">按照预先制订的工作计划，完成本任务，并记录任务实施过程。</td></tr>
<tr><td>序号</td><td>完成的任务</td><td>遇到的问题</td><td>解决办法</td></tr>
<tr><td></td><td></td><td></td><td></td></tr>
<tr><td></td><td></td><td></td><td></td></tr>
<tr><td></td><td></td><td></td><td></td></tr>
<tr><td></td><td></td><td></td><td></td></tr>
</table>

任务准备

一、知识准备

1. 仔鹿的饲养管理

仔鹿的饲养管理对于鹿群的发展至关重要。一个良好的鹿群必须不断地更新，逐步淘汰生产性能低、遗传基础差、体弱多病的老龄鹿，不断补充大量的优良幼鹿，才能使鹿群的数量和质量不断提高。因此，在加强育种工作的同时，必须加强仔鹿的饲养管理，对养鹿业的发展有重要的意义。一般说，仔鹿的饲养管理可分为哺乳仔鹿的饲养管理和离乳仔鹿的饲养管理。

（1）哺乳期仔鹿的饲养管理。

①确保仔鹿及时吃到母乳。仔鹿出生时全身毛湿，除雌鹿舔干外，必要时需采取人工辅助措施，如用干净抹布擦干湿毛，促使仔鹿及早吃到母乳（初乳）。健康的仔鹿产出后0.5~1 h 即能站起吸吮母乳。鹿乳水分少、营养物质多、乳脂含量高，仔鹿少量吸吮即可满足需求。一般母鹿每隔 3~4 h 喂乳一次，每次不超过 3 min。

②特殊情况的处理。饲养管理人员需注意避免有气味之物（如酒精、香皂等）触及哺乳期的仔鹿，否则母鹿会因仔鹿有异味而拒哺。若分娩后雌鹿死亡、有病不能哺乳或乳汁不足时，必须采取人工哺乳措施。通常用牛乳或山羊乳代替，新鲜乳比奶粉好，若不得不用奶粉，须将冲泡的奶粉浓度略微提高，以适应仔鹿生长发育需要。人工哺乳的时间、次数和哺乳量根据仔鹿的日龄、初生重量和发育情况决定。同时，要严格做好乳具消毒，防止乳中出现细菌和发生酸败。

③关注雌鹿泌乳情况。母鹿分娩后 1~2 月，常出现泌乳量急剧下降的情况，此时必须加强对哺育仔鹿的雌鹿的饲养，适当增加营养价值高的多汁饲料，因为仔鹿的优育很大程度上取决于所获乳汁的质量。

（2）离乳前仔鹿的驯化。

①引导仔鹿采食。仔鹿出生后 20 d 左右开始采食树叶。保护栏内应设水槽，饲养人员每日定时定量添水。利用投料时吹口哨等方法调教、驯化，使人鹿亲和，逐步将母、仔鹿分开，单独饲养。

②分圈饲养步骤。将相邻两个圈中间设一过门，先将雌仔全部赶入其中一个圈，然后将雌鹿拨出放到另一个圈，仔鹿留下。起初可将雌鹿留在仔鹿圈内 1~2 头，4~5 d 后，每天上下午两次全部分开，分开时间最初每次 1~3 h，以后逐渐延长。中午及晚间打开过门，让雌、仔鹿自由活动，仔鹿吃奶。增加人鹿接触，投料和给水都配以口哨，使仔鹿性情稳定。适当补饲一些精料，一般在 7 月下旬补饲，尤其要投喂青绿多汁的饲料。精料可将高粱炒成糊香料粉碎，加上煮熟的玉米、大豆混拌，大豆比例为 10%。投喂量由少到多，到断乳分群前达到每日每只 500 g，青粗饲料要切碎喂。

（3）离乳后仔鹿的饲养。

①断乳分群。仔鹿断乳一般在 8 月 20 日前后进行。断乳后要按照仔鹿的性别、体质强弱、个体大小等情况分为若干个小群，分群饲养。仔鹿圈应设置在远离雌鹿圈舍的地方，也可将雌鹿拨出，仔鹿留在原圈中。

②缓解仔鹿焦躁情绪。离乳初期的仔鹿，因骤然离开母鹿会鸣叫不止，精神状态和食欲都会受到很大影响。饲养员要更加耐心护理，经常呼唤仔鹿，接近鹿群，缓解仔鹿的焦躁不安。

③合理投喂饲料。断乳分群后的仔鹿转入幼鹿圈舍，要逐渐增加饲料投放量，但不可一次投喂过量。仔鹿食量小、消化快、采食次数多，离乳半个月内一日可喂饲 4~5 次，夜间补饲一次青粗饲料，以后逐步做到日喂 3 次。同时要保证日粮的全价性，满足仔鹿不同生长时期所需营养。离乳仔鹿的精料要细致加工调制，可将大豆、玉米煮熟，一部分玉米磨成面，大豆磨成豆浆，按比例混拌。粗饲料可投给青柞树叶、杨树叶、青玉米秸等，玉

米秸要切碎。饮水要清洁、充足，注意矿物质供给，补喂多种维生素、含硒微量元素等添加剂，在日粮中加入食盐、骨粉，防止佝偻病、软骨症的发生。

2. 育成鹿的饲养管理

通常把出生后翌年的幼鹿叫作育成鹿。雌雄鹿的育成时期约 1 年，其中雄鹿较雌鹿育成时期长。发育良好的育成雄鹿当年可以生长初生茸，可以参加配种，即在育成阶段可以投产。为了培育出个体大、产茸量高、耐粗饲、利用年限长的鹿群，必须加强对育成鹿的饲养管理。

一要供给丰富的蛋白质、维生素和矿物质，同时保证供给足够的优质粗饲料，使其各个器官组织得以正常发育。

二要保证育成鹿有足够的运动量，促进其生长发育。因此，每圈容纳鹿的头数不宜过多，每只鹿应有 7~8 m^2 的运动面积。

3. 雌鹿的饲养管理

饲养雌鹿的目的是保持高度的生产力和繁殖优良的后代。雌鹿的饲养管理对于鹿群的繁衍和发展起着关键作用。

（1）配种期饲养管理。雌鹿在 8 月下旬至 11 月中旬为配种期。在此期间，应喂给富含蛋白质、维生素和矿物质的饲料，日喂量为 3.5~4.2 kg。其中精料 1.0~1.2 kg，多汁料 1 kg 左右，青粗料 1.4~2.0 kg，同时添加钙粉、食盐各 20 g。对配种雌鹿要进行分群管理，安排专人值班看管。雌鹿一个发情期的交配次数控制在 2~3 次为宜。

（2）怀孕期饲养管理。母鹿配种后进入怀孕期（11 月下旬至翌年 4 月中旬）。这时需供给充足营养以利胎儿发育，饲料日喂量为 3.8~4.7 kg。其中精料 1~1.5 kg，多汁料 1.0~1.2 kg，青粗料 1.8~4.7 kg。在怀孕前、中期多供给青粗饲料，后期则多提供体积小、质量优良、适口性好的饲料。精料每天喂 2 次，青饲料要多样化，且不得饲喂发霉变质的饲料。雌雄鹿要在开放的环境里饲养，切勿惊吓和强行驱赶雌鹿，要做好防病、防流产工作。

（3）哺乳期饲养管理。怀孕母鹿一般在 4 月分娩，至 8 月上旬为哺乳期。此时饲料要富含蛋白质、维生素和矿物质，日喂量为 5.7~7.5 kg。其中精料 1.2~1.5 kg，多汁料 1.5~2.0 kg，青粗料 3~4 kg，并有充足的钙粉及食盐。精料每天喂 2~3 次，青粗料可让其自由采食。同时要保持圈舍清洁，地面平整干燥。

4. 雄鹿的饲养管理

饲养雄鹿的目的是不断提高鹿体健康水平，生产优质高产的鹿茸和具有性欲旺盛、精液品质好、利用价值高的公鹿。根据雄鹿的生理特点和营养需要，在饲养上可分为四个不同的阶段：长茸前期、长茸期、配种期和恢复期。由于我国南北地理环境和气候的差异，雄鹿这 4 个时期的划分亦稍有不同。在北方，鹿在 1 月下旬至 3 月下旬为长茸前期，4 月上旬至 8 月中旬为长茸期，8 月下旬至 11 月中旬为配种期（正式参加配种多在 9 月中旬以后），11 月下旬至翌年 1 月中旬为恢复期。南方各省由于气候的关系，上述各种时期普遍比北方提前，但配种期则延长。

（1）恢复期和长茸前期的饲养管理。这个时期基本上处于冬季，雄鹿经过配种后，体质瘦弱，并且又值寒冷季节，饲养上的要求是迅速恢复其体质，为换毛和长茸提供物质基础，因此应供给含淀粉、矿物质丰富的饲料和一定量的蛋白质饲料。日粮中精料是由混合精料所组成，其成分为禾本科籽实（玉米、高粱、大麦、小麦等）占50%、豆科籽实（黄豆或豆饼）占30%和糠麸类占20%。多汁料包括胡萝卜、萝卜、甘薯等块根类饲料。青饲料包括各种嫩树枝、树叶及青草等。雄鹿经过配种期以后，食欲逐渐恢复，在增加饲料时，应由少到多，切不可骤然大量投喂。精料每天定时喂两次。青料充足时，可任其自由采食。对体质较差的老、弱、残鹿，应分出小群或单圈精心饲养，以使其迅速恢复体质。在长茸前期，应注重为雄鹿提供营养均衡的饲料，以满足其身体恢复和为长茸期储备营养的需求。

（2）长茸期的饲养管理。长茸期是雄鹿饲养管理的关键阶段。鹿的长茸期是指鹿从脱角长茸或脱盘长茸到鹿茸成熟收锯这个时段，大约60~80 d。雄鹿在每年4~8月中旬是长茸季节。长茸期内雄鹿性欲消退，新陈代谢旺盛，食量增加，雄鹿需要大量的营养物质。雄鹿在长茸期茸的生长速度是很快的，据观察，3~4岁的梅花鹿，二杠茸生长时间约55 d，平均每天增重17.7 g，马鹿的鹿茸平均每天增重50 g。由于鹿茸的生长速度很快，所以必须供应鹿体相当的营养物质来满足其生理上的需要。这就要求在长茸期间，除饲喂各种青草、棉籽皮、麸皮、米糠等一般饲料外，还要另外添加一些含蛋白质较高的精饲料。每头雄鹿每天还必须有足够的饮水。这样，鹿对养料吸收得好，鹿茸就长得特别好。实践证明，加催茸料可明显提高鹿茸质量。应实行均衡定时喂饲，精料每天喂2~3次，饮水要清洁和充足。青饲料来源丰富地区，要尽量满足其需要，必要时可任其自由采食。在长茸期内应做好雄鹿角盘脱落日期、鹿茸生长情况等资料记录工作，同时要掌握鹿茸的生长进度，及时做好收茸工作。对个别新茸已长出但角盘仍未脱落者，应将硬角除去，以免妨碍鹿茸生长。此外，应对鹿舍、运动场、隔离墙（板）等进行检查、清理，避免撞破鹿茸。

（3）配种期的饲养管理。8月下旬至11月，雄鹿性欲旺盛，食欲显著下降，锯茸基部已形成花盘并骨化。此时，鹿到处摩擦，破坏饲养工具或对撞斗殴，凶猛者甚至伤人，使人不能接近雄鹿。争偶角斗体能消耗较大，身体变得瘦弱。为了增强雄鹿体质，有利于配种，饲养时必须选喂营养价值较高、适口性好的精饲料和维生素含量丰富的块根类多汁饲料、幼嫩的青绿饲料等，但量可适当减少。

鹿的生物学特性、饲料、驯化和饲养管理原则

二、材料准备

（一）收集茸鹿饲养管理相关资料

（1）茸鹿生物学特性。

（2）茸鹿饲料种类、饲养标准。
（3）茸鹿的饲养管理原则。
（4）茸鹿如何驯化。
（5）茸鹿不同阶段的饲养管理要点。
（6）茸鹿的养殖场如何规划设计。

（二）工具（材料）准备

茸鹿养殖场，茸鹿养殖技术的文字、图片、影像资料，茸鹿养殖规划设计参考图等。

三、人员准备

人员分组，每组 5 人，明确职责分工。

任务角色	任务内容
组长：	任务：
组员 1：	任务：
组员 2：	任务：
组员 3：	任务：
组员 4：	任务：

任务筹划

一、内容

明确要调查的项目并收集相关资料；明确茸鹿养殖场规划设计的具体操作流程，以及需要的工具材料，并对本任务内容做出科学评价。

二、方法

认真思考如何快速获取相关信息，统筹需要的材料和用具，进行规范操作并撰写报告。

三、流程

第一步：了解鹿的生物学特性。
第二步：查找相关资料理收集茸鹿的饲料种类、饲养标准及饲养管理原则。
第三步：查找相关资收集茸鹿驯化方法和不同阶段的饲养管理原则。
第四步：学习每个操作项目的技术要领。
第五步：依据要求进行茸鹿养殖场规划设计并画出图纸。
第六步：任务总结。

任务实施

步骤一：
步骤二：
步骤三：
步骤四：
任务总结：

任务检测

请扫码答题

任务评价

工作任务完成过程评价表

班级：________　组别：________　姓名：________

项目	评分标准	自我评价	小组评价	教师评价
理论知识（30 分）	了解鹿的生物学特性和茸鹿的常见饲料种类（10 分）			
	了解茸鹿的饲养管理原则（10 分）			
	掌握茸鹿不同阶段的饲养管理（10 分）			
实操技能（50 分）	操作态度积极主动，服从安排（10 分）			
	能够对信息进行收集、整合和分析（10 分）			
	能够确定鹿体保定部位（10 分）			
	能够掌握茸鹿的饲养管理原则（10 分）			
	能够掌握茸鹿的不同阶段的饲养管理原则（10 分）			

（续表）

项目	评分标准	自我评价	小组评价	教师评价
思政素养（20分）	能够积极了解动物、保护动物（10分）			
	能够做到科学饲喂、热爱养殖（10分）			
合计（100分）				
自我评价与总结				
教师点评				

任务四　鹿茸的采收与初加工

任务导入

鹿茸（即茸角）是尚未完全骨质化的袋角，即幼嫩时期不脱皮的鹿角。茸的外面覆着生有茸毛的皮肤，内部是致密的结缔组织和软骨组织，富有血管和神经。鹿茸中含有丰富的蛋白质，已经测定出氨基酸达19种，还含有磷脂类、糖脂类、雄茸胶脂、胆固醇、激素类，以及钙、磷等无机盐类，这些营养物质使鹿茸具有特殊疗效。鹿茸的收获是提高鹿茸产量、质量和产值的重要环节。在鹿茸生长期，技术人员要定期到鹿群中观察茸的生长情况，根据鹿的年龄、茸型和茸的生长趋势，结合历年产茸情况及市场需求等因素，合理掌握收茸的种类、收茸的季节和收茸的方法。

任务工单

班级:________________　姓名:________________　学号:________________

<table>
<tr><td>任务名称</td><td colspan="4">鹿茸的采收与初加工</td></tr>
<tr><td>任务描述</td><td colspan="4">根据实际情况，填写本任务的内容、目的、流程和方法。
任务内容：鹿茸的生长规律；鹿茸的采收；鹿茸的质量评定标准；鹿的储存和加工方法；鹿茸的质量评定标准；鹿茸的种类及评估方法。
任务目的：了解鹿茸的生长规律；掌握鹿茸的采收和鹿茸的质量评定标准；掌握鹿茸的储存和加工方法；掌握鹿茸的质量评定标准；掌握鹿茸的种类及评估方法。
任务流程：收集并整理资料，学习相关知识；学会鹿茸的种类及评估方法。
任务方法：通过收集资料、学习相关知识、进行实操练习，让学生掌握相关知识。</td></tr>
<tr><td>获取信息</td><td colspan="4">要完成任务，需要掌握相关的知识。请收集资料，回答以下问题。
（1）鹿茸的生长规律。
（2）收获鹿茸的种类、收茸时期和收茸方法。
（3）鹿茸的质量评定标准。
（4）鹿茸的储存和加工方法是什么？
（5）鹿茸的种类及评估方法是什么？</td></tr>
<tr><td>制订计划</td><td colspan="4">（1）收集资料。
（2）整理资料。
（3）准备材料。
（4）进行鹿养殖场规划设计并画图。
（5）总结。</td></tr>
<tr><td rowspan="6">任务实施</td><td colspan="4">按照预先制订的工作计划，完成本任务，并记录任务实施过程。</td></tr>
<tr><td>序号</td><td>完成的任务</td><td>遇到的问题</td><td>解决办法</td></tr>
<tr><td></td><td></td><td></td><td></td></tr>
<tr><td></td><td></td><td></td><td></td></tr>
<tr><td></td><td></td><td></td><td></td></tr>
<tr><td></td><td></td><td></td><td></td></tr>
</table>

任务准备

一、知识准备

（一）鹿茸的生长规律

鹿茸是雄鹿额顶生长的嫩角。鹿茸的茸皮脱去后骨化而形成实心的骨质角叫鹿角。

1. 仔鹿鹿茸的生长

雄仔鹿生长发育到一定年龄（梅花鹿为 8~10 月龄），在额顶长出呈笔杆状的嫩角，上有细细的茸毛，称为初生茸。该茸角长到秋后，骨化成鹿角，第二年硬鹿角脱落（称为脱盘），新鹿茸又重新长出来，如此不停地重复上述生长过程。

2. 青年鹿和成年鹿的鹿茸生长

两岁以上的雄鹿，每年 4 月中旬前后脱盘，然后逐渐长出茸芽，经过眉枝、二杠茸、三叉茸（此时可收茸），马鹿则长出四叉茸。收茸后，约经过 50~60 d，雄鹿又可长出有 1~2 个侧枝的茸角（俗称再生茸）。进入配种期后，鹿茸生长停滞，若不收茸，茸角骨化成硬鹿角，直至翌年 4 月脱盘。因此，由角盘脱落，茸芽初冒至收茸（或长成硬角），形成茸角生长的一个周期。

（二）鹿茸的采收

1. 收获鹿茸的种类

根据雄鹿年龄、茸型及长势，并参考鹿个体生长特点而确定收茸种类。收获鹿茸种类主要有以下几种。

（1）初生茸。育成雄鹿第 1 次长出的圆柱形茸，锯下称之为初生茸。1 岁雄鹿宜采收初生茸。

（2）二杠茸。对 2~3 岁的雄鹿或茸干较小的，宜收二杠茸。

（3）三叉茸。5 岁以上的雄鹿，茸干粗大、丰满，宜收三叉茸。

（4）四叉茸。马鹿一般分三叉茸和四叉茸进行收茸。

（5）再生茸。在一年中第 2 次采收的茸，称为再生茸。

据研究，鹿茸的生长与年龄、体质、膘情及健康状况等有很大的关系。雄鹿 1 岁开始到 5 岁茸产量急剧上升，7 岁时茸产量达到高峰，14 岁以后产茸量则急剧下降，故 5~10 岁梅花鹿的产茸量稳定而高产。

2. 收茸的时期

根据鹿的种类，确定拟收茸的种类；根据鹿茸生长情况，确定个体雄鹿收茸时间。一般在 5~8 月均可进行收茸。

3. 收茸的方法

（1）拨鹿。先将茸鹿拨入小圈，待操作人员准备就绪，逐头经过附属设备将鹿拨入通道，用推板推入保定器。

（2）保定。保定是借助于保定器或麻醉剂限制动物活动的一种措施。收茸多采用器具保定法，有时也用麻醉法保定。

鹿的保定方法有机械法和化学法两种。机械保定装置由小圈、保定器与连接两者之间的通道组成，一般需 9 人完成保定。过去，机械法被大多数鹿场采用。现在，大多数鹿场均采用化学保定法取茸。常用麻醉药物为眠乃宁与苏醒灵注射液。

（3）锯茸。保定后，先行消毒，再用钢锯或竹锯在角盘上 2 cm 处锯茸。锯茸动作要求敏捷轻快。近年来，有的鹿场采用竹锯，其效果比传统的钢锯好。首先用湿润的麻绳将茸桩扎紧，准备好接血盘接茸血。其次，掌锯人一手持锯一手握住茸体，从珍珠盘上方 1.5~2.0 cm 处将茸锯掉。锯茸速度要快，并保持锯口平整。最后，将已放好止血药的消毒敷料（15 cm × 15 cm）扣在锯口上，并轻轻按一下。（高产鹿用敷料包住锯口，用寸带或草绳系紧，在当天下午或次日取下）。

（4）砍茸。对于生长 6 年以上的老鹿，从鹿的第 2 颈椎处放血，并将颈皮切断，将鹿头砍下，将鹿茸连脑盖骨锯下，再行加工处理。

（5）止血。锯茸前可在茸角基部扎上止血带。锯茸后，立即在创面上撒上止血粉。

（三）鹿茸的贮存

鹿茸采收结束后，用温碱水刷洗茸表，再用清水刷洗，除去茸表上的油垢等污物（锯口和钉眼勿沾水），之后应彻底擦干茸表上的水分，风干 1 d。称重、登记后，按照规格、等级分别装入撒有樟脑粉的木箱（因樟脑粉有异味，有条件的地方最好直接装箱后送入冷库内保管），放在干燥处保存，防止潮湿、鼠害、虫蛀和丢失。长时间贮存时，中间应检查几次，看看有无霉败和其他情况发生。青海省大多数鹿场为中小型鹿场，新鲜锯茸锯口封闭后，应立即放在冰柜中保存待售。

（四）鹿茸的加工

鹿茸加工的目的是脱水干燥、防腐消毒、保形保色，便于长期保存。目前主要有以下几种加工方法。

1. 排血茸的加工

排出茸体内大部分血液，脱水，加速干燥，获得颜色好、不破、不臭、嘴头饱满，开条后茸内呈白色或粉红色的优质鹿茸。梅花鹿多采用排血加工，加工过程如下。

（1）登记。将采收的鲜茸进行编号、称重、测尺、拴标、登记。

（2）排血。用真空泵或打气筒将茸血从锯口排出。

（3）洗刷去污。用 40 ℃左右的温水或碱水浸泡清洗茸皮污物。

（4）水煮、烘烤与风干。

（5）顶头。顶头加工的目的是起到美化作用。

2. 带血茸的加工

带血茸加工主要是封闭锯口后，连续水煮和烘烤，以烘烤为主的工艺过程。通过茸皮的渗透作用，快速散失茸体中的大部分水分，使茸血中的色素和干物质全部保留在茸内，使血色素在茸内均匀分布，色泽深红。要求不破皮，不瘪头，无臭味。马鹿多带血加工。

3. 砍茸的加工

其方法与锯茸基本相似，但由于砍茸重量较大，而且连着部分头骨和头皮，故加工操作时应更细致。

近年来，微波及远红外线辐射加工鹿茸技术得到推广。它是在我国传统加工鹿茸方法的基础上，应用现代先进电子技术发展起来的一项新技术。此外，在鹿茸加工上，还有砍头茸加工技术，以适应国内外市场的需要。

鹿茸的质量评定

二、材料准备

（一）收集鹿饲养管理的相关资料

（1）鹿茸的生长规律。

（2）鹿茸的种类、收茸时期和收茸方法。

（3）鹿茸的质量评定标准。

（4）鹿茸的储存和加工方法。

（5）鹿茸的种类及评估方法。

（二）工具（材料）准备

鹿茸实物、图片和模型等。

三、人员准备

人员分组，每组 5 人。明确职责分工。

任务角色	任务内容
组长：	任务：
组员 1：	任务：
组员 2：	任务：
组员 3：	任务：
组员 4：	任务：

任务筹划

一、内容

明确要调查的项目并收集相关资料；明确鹿的种类及评估的具体操作流程以及需要的工具材料，并对本任务内容做出科学评价。

二、方法

认真思考如何快速获取相关信息，统筹需要的材料和用具，进行规范操作并撰写报告。

三、流程

第一步：了解鹿茸的生长规律。
第二步：查找相关资料，收集鹿茸的种类、收茸时期和收茸方法。
第三步：查找相关资料，收集鹿茸的质量评定标准、鹿茸的储存和加工方法。
第四步：学习每个操作项目的技术要领。
第五步：依据要求对鹿茸的种类进行评估。
第六步：任务总结。

任务实施

步骤一：
步骤二：
步骤三：
步骤四：
任务总结：

任务检测

请扫码答题

任务评价

工作任务完成过程评价表

班级：________________　组别：________________　姓名：________________

项目	评分标准	自我评价	小组评价	教师评价
理论知识（30分）	了解鹿茸的生长规律（10分）			
	了解鹿茸的种类、收茸时期和收茸方法（10分）			
	掌握鹿茸的质量评定标准及储存和加工方法（10分）			

（续表）

项目	评分标准	自我评价	小组评价	教师评价
实操技能（50分）	能够进行相关信息的收集和整理（10分）			
	能够掌握鹿茸的质量评定标准（15分）			
	能够进行信息的整合和分析（10分）			
	能够正确评估鹿茸的种类（15分）			
思政素养（20分）	能从全局上筹划相关事项或行动（10分）			
	积极了解中药，热爱中华文化（10分）			
合计（100分）				
自我评价与总结				
教师点评				

任务五　茸鹿常见病防治

任务导入

鹿在生长、繁殖和生产过程中，常会产生各种疾病。这些疾病给鹿带来痛苦，同时也给饲养者带来困扰。疾病防治是养鹿中的关键环节之一。鹿群易受到多种传染病的威胁，如口蹄疫、布鲁氏菌病等。饲养者要加强对鹿群的定期体检和全面预防接种，选择安全可靠的疫苗，并在必要时对疫情进行及时处理和隔离。此外，要加强鹿群的环境卫生管理，定期进行消毒和清洁可减少疾病传播的风险。及时了解和采取有效的预防和治疗措施对于保护鹿的健康至关重要。

任务工单

班级：__________ 姓名：__________ 学号：__________

<table>
<tr><td>任务名称</td><td colspan="4">茸鹿常见病防治</td></tr>
<tr><td>任务描述</td><td colspan="4">根据实际情况，填写本任务的内容、目的、流程和方法。
任务内容：鹿常见疾病种类；鹿的常见疾病预防措施；茸鹿常见疾病概念诊断及防治。
任务目的：认识和掌握鹿常见疾病种类；掌握鹿常见疾病预防措施；认识和掌握鹿常见疾病概念、诊断及防治方法。
任务流程：查找并收集相关内容知识点资料并整理，依据要求进行相应知识点的巩固练习。
任务方法：收集资料并整理，让学生认识和掌握鹿常见疾病概念、诊断及防治；依据要求进行相应知识点的巩固练习。</td></tr>
<tr><td>获取信息</td><td colspan="4">要完成任务，需要掌握相关的知识。请收集资料，回答以下问题。
（1）鹿疾病产生的原因有哪些？常见疾病的种类有哪些？

（2）茸鹿的疾病预防措施有哪些？

（3）鹿场常备的消毒和外用药品有哪些？

（4）茸鹿常见疾病的概念、临床特征。

（5）茸鹿常见疾病诊断及防治方法有哪些？</td></tr>
<tr><td>制订计划</td><td colspan="4">（1）收集资料。
（2）整理资料。
（3）学习每个操作项目的技术要领。
（4）依据要求进行相应知识点的巩固练习。
（5）总结。</td></tr>
<tr><td rowspan="7">任务实施</td><td colspan="4">按照预先制订的工作计划，完成本任务，并记录任务实施过程。</td></tr>
<tr><td>序号</td><td>完成的任务</td><td>遇到的问题</td><td>解决办法</td></tr>
<tr><td></td><td></td><td></td><td></td></tr>
<tr><td></td><td></td><td></td><td></td></tr>
<tr><td></td><td></td><td></td><td></td></tr>
<tr><td></td><td></td><td></td><td></td></tr>
<tr><td></td><td></td><td></td><td></td></tr>
</table>

任务准备

一、知识准备

1. 巴氏杆菌病

（1）概念及临床特征。巴氏杆菌病是由多杀性巴氏杆菌引起鹿及其他多种动物的一种急性出血性败血症。以高热、肺炎、间或急性胃肠炎及内脏广泛出血为主要特征。本病多散发，偶有流行，在潮湿的5—8月份发病较多；配种后期即10—12月，雄鹿及仔鹿也易发此病。

（2）诊断要点。

①急性败血型。体温40.0~41.5 ℃，精神沉郁，呼吸急促，鼻镜干燥，低头，垂耳，食欲废绝，反刍停止。重者口鼻流出血样泡沫液体，后期便血，多在1~2 d内死亡。

②肺炎型。精神沉郁，呼吸急促，咳嗽；重者头颈伸直，鼻翼翕动，口吐白沫或有鼻漏；一般3~4 d死亡。

（3）防治。

①治疗方法。

a. 青霉素，成鹿每次200万IU，肌注，2~3次/天，连用5 d。

b. 长效磺胺，如磺胺唑钠、磺胺二甲嘧啶和磺胺嘧啶，0.13 g/kg，静注。

c. 喹乙醇，1片/kg，2次/天，连用2~3 d。

d. 有呼吸及循环障碍时，可对症治疗，如强心、补液等。

②预防方法。搞好鹿场清洁卫生工作，在炎热潮湿的季节，要做好防暑降温工作。为此，可在饲料中加入一些清凉解毒的中草药。加强饲养管理，定期消毒。如用3%~5%的来苏尔溶液喷洒鹿圈及运动场。疫区鹿应在每年春季进行巴氏杆菌病菌苗的预防注射。

2. 口蹄疫

（1）概念及临床特征。口蹄疫是由口蹄疫病毒引起偶蹄兽的一种急性、发热性、高度接触性传染病。病鹿以高热、肌肉震颤、流涎及口腔黏膜、舌、唇的表面发生糜烂和溃疡为特征。

（2）诊断要点。本病春夏两季多发，仔鹿易感，多于感染后10~12 d死亡。病鹿体温升高，精神沉郁，流涎，食欲废绝，反刍停止。口腔黏膜、唇、颌、舌的表面发生糜烂和溃疡，舌面有坏死灶。四肢的皮肤、蹄叉与蹄缘出现水泡及糜烂，重者蹄匣脱落，故病鹿呈现跛行。可发现孕鹿大量流产和胎衣滞留、子宫炎及子宫内膜炎，分娩出的仔鹿也迅速死亡。

（3）防治。本病发生后，目前不予治疗，采取屠宰淘汰，防止疾病蔓延。鹿场发生本病时，立即隔离封锁并将疫情上报有关部门，病死鹿应深埋或焚烧。

3. 鹿毛囊虫病

（1）概念及临床特征。该病由蠕形螨科蠕形螨属寄生虫侵入鹿体的皮脂腺和毛囊引起的一种寄生虫病。

（2）病原。虫体狭长似蠕虫样，乳白色半透明。长为 0.22~0.30 mm，宽为 0.04~0.045 mm。虫体可分头、胸和腹节部分。头呈不规则四边形，由 1 对细针状的赘肢，1 对分 3 节的须肢及 1 个延伸为膜状构造的口下板组成。胸部有 4 对短而粗的脚。腹部较长，表面有明显的环形横纹。

（3）生活史。虫体发育分卵、幼虫、若虫和成虫 4 个阶段，全部发育过程均在鹿体上进行。虫体寄生于毛囊或皮脂腺内，雌虫在此处产卵；经一定时间后，卵孵化为 3 对足的幼虫；幼虫蜕化为 4 对足的若虫；若虫再蜕化为成虫。

（4）诊断要点。

①临床症状。本病在临床上有 3 种类型的病变。

a. 结节型病变。多见于颜面部、颈侧部及股部皮肤上。患部出现许多豆粒大乃至指甲大的结节，切开时，可见黄白色内容物。此为病的初始阶段。

b. 鳞屑型病变。多见于颈侧及股部皮肤上。患部皮肤结节增多、充血，局部皮肤逐渐增厚，无弹性，表面凸凹不平，出现许多皱纹，并被覆大量糠皮样有黏性的鳞。

c. 脓疱型病变。原因是病变部感染了化脓菌。病鹿食欲减退精神状态不佳，结膜潮红。皮肤出现许多皱纹。颜面部皮肤可见许多黑色或褐色皱囊。化脓菌侵入毛囊时，患部则出现大小不等的砂粒样脓疱结节。结节融合在一起时则形成大脓疱。疱内常流出淋巴液，干涸后形成痂皮黏附于表皮上。在四肢上部、肘后及膝部皮肤上发生严重感染的病鹿，表现为运步困难、发育迟缓。鹿脱盘延迟，生长出病态茸或不生茸，最后死于贫血和中毒。

②剖检变化：皮肤增厚，皮下脂肪减少，表皮下有密集的淡黄色小点及圆球样物。

（5）防治。

①治疗。局部用 14% 的碘酊涂擦，1 次 / 天，连用 7 d。阿维菌素皮下注射，0.02 mg/kg，第 2 次注射后隔 5~7 d 再注射 1 次。

②预防。发现病鹿须立即隔离治疗，对污染的用具和一切接触过病鹿的用品彻底消毒。用石灰乳和火焰喷灯杀虫效果最理想。

鹿病的概况、疾病预防一般原则及部分常见病介绍

二、材料准备

茸鹿疾病产生的原因；茸鹿常见疾病的种类；茸鹿的疾病预防措施；茸鹿常见疾病的概念、诊断及防治等。

三、人员准备

人员分组，每组 5 人，明确职责分工。

任务角色	任务内容
组长：	任务：
组员 1：	任务：
组员 2：	任务：
组员 3：	任务：
组员 4：	任务：

任务筹划

一、内容

明确要调查的项目，明确需要的工具材料，并对本任务内容做出科学评价。

二、方法

认真思考如何快速获取相关信息，统筹需要的材料和用具，进行相应知识点的巩固练习。

三、流程

第一步：了解茸鹿疾病产生的原因及常见疾病的种类。
第二步：查找相关资料，收集鹿的疾病预防措施及鹿场常备的消毒和外用药品。
第三步：查找相关资料，收集鹿常见疾病的概念、诊断及防治方法。
第四步：学习每个操作项目的技术要领。
第五步：依据要求进行相应知识点的巩固练习。
第六步：任务总结。

任务实施

步骤一：
步骤二：
步骤三：
步骤四：
任务总结：

任务检测

请扫码答题

任务评价

工作任务完成过程评价表

班级：______ 组别：______ 姓名：______

项目	评分标准	自我评价	小组评价	教师评价
理论知识（30 分）	了解茸鹿疾病产生的原因及常见疾病的种类（10 分）			
	掌握茸鹿疾病的预防措施及鹿场常备的消毒和外用药品（10 分）			
	掌握茸鹿常见疾病的概念、诊断及防治方法（10 分）			
实操技能（50 分）	操作态度积极主动，服从安排（10 分）			
	能进行相关信息的收集和整理（10 分）			
	团队协作良好，交流合作默契，互帮互助（10 分）			
	能够掌握茸鹿的疾病预防措施及使用鹿场常备的消毒和外用药品（10 分）			
	能够掌握茸鹿常见疾病的概念、诊断及防治方法（10 分）			
思政素养（20 分）	培养学生分析和解决临床问题的能力（10 分）			
	培养学生预防为主、群防群治的思维方式（10 分）			
合计（100 分）				

（续表）

自我评价与总结	
教师点评	

项目三 家犬养殖与疾病防治

项目导读

本项目主要介绍家犬的常见品种，家犬的繁殖规律，不同阶段家犬的饲养管理技术，家犬传染病、寄生虫病的临床特征、诊断要点及防治措施等。通过学习，重点掌握家犬的性成熟年龄、初配年龄、发情周期、妊娠期等繁殖知识，了解家犬的主要品种、生物学特性、饲养管理要点及疾病防治措施，为犬的健康生产、安全生产打好基础。

知识目标

（1）熟记家犬的初配年龄、发情周期、性成熟年龄和妊娠期。

（2）掌握家犬的繁殖规律及繁殖过程。

（3）理解家犬的生物学特性。

（4）掌握家犬的常规日粮配方和饲养管理要点。

（5）清楚不同阶段家犬的饲养管理技术。

（6）掌握家犬瘟热、细小病毒病、犬传染性肝炎、狂犬病的临床特征、诊断要点及免疫程序。

（7）清楚家犬蛔虫病、钩虫病等的防治措施及驱虫制度。

技能目标

（1）能够识别家犬的常见品种。

（2）能够进行家犬的保定。

（3）能够指导家犬的繁殖过程。

（4）学会家犬常用的免疫方法、给药方法。

素质目标

引导学生扎扎实实学好专业知识，鼓励学生从关爱身边动物、关注动物福利做起，积极参与地方犬业资源的保护工作。

任务一　家犬的常见品种识别

任务导入

在课堂上，老师将展示若干家犬的品种图片。学生将分组，利用他们所学的专业知识，对图片中家犬的品种进行识别，并详细描述它们的特征。

任务工单

班级:________________ 姓名:________________ 学号:________________

任务名称	家犬的常见品种识别
任务描述	根据实际情况，填写本任务的内容、目的、流程和方法。 任务内容：展示的若干家犬图片为内容，结合所学知识，仔细识别家犬的品种，并说出它们的特征。 任务目的：以本次任务为契机，掌握家犬的常见品种及主要特征，为今后家犬的养殖提供帮助。 任务流程：查阅资料信息，分组调查研究，小组讨论分析，给出识别结果。 任务方法：小组讨论 + 图片识别 + 特征描述。
获取信息	要完成任务，需要掌握相关的知识。请收集资料，回答以下问题。 （1）叙述家犬的起源。 （2）简述家犬的经济价值及养殖意义。 （3）家犬的常见品种有哪些? （4）详细介绍家犬的常见品种。
制订计划	

（续表）

任务实施	按照预先制订的工作计划，完成本任务，并记录任务实施过程。			
	序号	完成的任务	遇到的问题	解决办法

任务准备

一、知识准备

（一）犬的分类方法

犬属于哺乳纲食肉目犬科犬属，世界犬的品种已达到400多种，目前国际上公认为优良标准品种的就有137种，其用途各异。犬种的外观各异，大型的有重达百公斤的圣伯纳犬，小型的有体重半公斤的吉娃娃犬；毛长的有裙毛拖地的马尔济斯犬，毛短的有几乎全裸的中国冠毛犬；头长的有灵缇犬，头短的有鼻梁凹陷的北京犬等。

犬品种繁多，常见的分类方法有按犬的体型、犬的用途、被毛长短和原产地等四种。如果按照犬的体型大小，我们常把犬分为超大型犬（比如阿富汗犬、大丹犬、圣伯纳犬）、大型犬（比如大麦町犬、杜宾犬）、中型犬（松狮犬、斗牛犬）、小型犬（狐狸犬、日本梗）及超小型犬（吉娃娃、博美等）五类；按照犬的用途分类，犬一般分成运动犬、猎犬、牧羊犬、工作犬、梗犬、玩赏犬、家庭犬等；按照犬的被毛长短，犬一般分成双层毛犬、丝毛犬、光毛犬、刚毛犬和绒毛犬等。按照原产地分类，中国犬的主要品种有中国狮子犬、北京犬、哈巴犬、松狮犬、细犬、中国冠毛犬、沙皮犬、西藏狮子犬、昆明犬、下司犬、藏獒本地犬等；国外犬的主要品种有贵妇犬、德国牧羊犬、大丹犬、格力犬、美国波音达犬、斗牛犬、吉娃娃犬、比格犬、腊肠犬、爱斯基摩雪橇犬等。

（二）家犬的常见品种介绍

1. 北京犬

北京犬又名北京狮子犬、京巴。根据考古发现，2 000多年前就有了北京犬，据说护门神“麒麟”就是该犬的化身。最早北京犬在历代王朝中备受宠爱，只允许在宫廷内繁殖。直到1860年八国联军攻占北京，北京犬作为战利品被带到英国献给了当时的维多利亚女王，才被西方人士熟知。北京犬从此流落民间，允许平民百姓饲养。北京犬的典型特征：头呈矩形，耳心形，口吻短宽，下巴、鼻镜和额部处于同一平面；鼻子黑色、宽且短，上端正好处于两眼间连线的中间位置；眼睛大、黑、圆、有光泽而且分得很开；颈背短粗，前肢短且骨骼粗壮，肘部到脚腕之间的骨骼略弯，后躯稍高，尾根位置高向背部翻卷，呈放射状，有“菊花尾”之称；全身被毛长、直、竖立着，而且有丰厚柔软的底毛，脖子和肩部周围有显著的鬃毛，比其他被毛稍短。该犬步态从容高贵，走起路来流畅轻松，玲珑秀气中透着帝王的威严和自信，对主人表现出可爱、友善而充满感情的一面，是优秀的玩赏犬。

2. 卷毛比熊犬

卷毛比熊犬又称为法国拜康犬、小短鼻卷毛犬。最早是由原来的中型犬改良而成的。该犬体质紧凑，骨量中等，头盖较平坦但顶毛部分较圆，口吻粗细适中，鼻突黑色，眼睛稍圆而不突出、正对前方，耳朵下垂，隐藏在长而流动的毛发中。颈部、背线、躯干颈长约为体长的1/3，昂起，平滑地融入肩胛。胸部非常发达，背线水平，腰部直，前肢直，后肢适度弯曲，尾巴的位置与背线齐平，温和地卷在背后。被毛颜色为白色，耳朵周围或身躯上有浅黄色、奶酪色或杏色阴影。该犬温和而守规矩，给人的感觉是敏感、顽皮、愉快，很容易满足，是一种娇小、强健的白色粉扑型的犬，气质欢快，眼神充满好奇。

3. 松狮犬

松狮犬又名熊狮犬，曾作为狩猎犬、拖曳犬、护卫犬，现在主要作为伴侣犬。该犬体型呈方形，头部宽平，吻部短，鼻短色黑，嘴阔而深，蓝黑色舌头是其独有的特征；头大耳朵小，耳朵呈三角形，为微向前倾的直立耳，两耳根间距较宽；眼睛小，呈杏仁状，色黑光亮，皱眉，显得愁眉苦脸；颈部粗短，肌肉丰满，背短直而结实，身体短而紧凑，胸宽而深，四肢笔直，强壮有力；脚圆，足垫厚，富有弹性；尾部呈羽状卷于背上，有丰富的饰毛；全身被毛丰富、浓密、平直、不突出，表面毛杂乱，底毛柔软、浓密，类似于羊毛；被毛在头和脖子周围形成一圈浓密的鬃毛，衬托着松狮的头。松狮犬性格内向、庄严、冷静，颇具贵族气派。它天性聪明，机警敏捷，英勇强悍，对主人忠诚，易驯服，是良好的家庭犬和护卫犬。

4. 贵宾犬

贵宾犬又称贵妇犬。很早以前人们常用贵宾犬在沼泽地带猎获小动物。该犬也曾一度被修剪成各种造型，在法国备受宠爱，被尊为“国犬”。贵宾犬的典型特征：两眼距离宽，眼睛呈卵圆形，颜色很深，耳朵下垂、贴近头面，耳根位置在眼睛的稍下方；吻部长、直、纤细，眼睛下有轻微凹痕；颈部长且强壮，肩部强壮，肌肉丰满；胸部深而扩张，腰短而宽，肌肉丰富；四肢笔直，相互平行；尾根位置高，向上翘起，呈剑状尾；被毛有两种，卷曲型被毛粗硬浓密，而绳索型被毛下垂，各部位长度不等，颜色为纯色；常见毛色有蓝色、灰色、银色，棕色、咖啡色、杏色和奶油色等。该犬步态轻快有弹性，走路常常沿直线前进，头和尾经常高高竖起。

5. 博美犬

博美犬是世界著名的玩赏犬和伴侣犬之一。博美身躯紧凑，平衡性好；其头盖骨略圆，但不呈拱形；口吻短直精致，耳朵小而直立，位置很高；眼睛颜色深、明亮、中等大小而且呈杏仁状；鼻镜、眼圈呈黑色；颈部短，肩靠后，颈肩结合正好能使头高高昂起；背短，背线水平；肋骨扩张良好，胸深与肘部齐平；前肢直而且相互平行，腕部直而且结实；大腿肌肉适度发达，后膝关节适度倾斜，形成清晰的轮廓；尾根高，尾长并平放在背上，羽毛状尾巴，饰毛丰富。该犬被毛呈双层，底层绒毛柔软且浓密，上层覆毛长、直、光亮且质地粗硬；常见毛色有白色、乳白色、黑色、褐色、棕色、红色、橘色、橙色等。

6. **高加索牧羊犬**

高加索牧羊犬是由高加索牧羊人育成的古老品种。高加索牧羊犬主要分布于亚美尼亚、格鲁吉亚、阿塞拜疆、俄罗斯、北高加索和阿斯特拉的草原地区。高加索牧羊犬体型强壮粗糙，耳架粗大，肌肉有力；头大，额宽而平，吻部比额部宽，唇厚，鼻大黑色，耳下垂，眼椭圆形、不大且深陷；颈短而有力，与背线成 30° ~40° 角，肩峰宽，肌肉发达，背宽而直；腰短而宽、稍隆起；臀宽而富有肌肉，尾高位、下垂达飞节；被毛有长毛型、短毛型和过渡型之别，毛色有浅灰色、棕黄色、草黄色和黄色等；公犬体高在 65 cm 以上，母犬体高在 62 cm 以上；公犬体重一般为 75~90 kg，母犬体重一般为 65~70 kg。该犬开朗温顺，对主人友好。由于自然条件的不同，分布在东北、华北、西南、内蒙古等地区的大体型犬较大，背毛较长；分布在长江以南地区的高加索牧羊犬体型略小些。

7. **圣伯纳犬**

圣伯纳犬，原产于瑞士，其祖先是西藏獒，具有悠久的历史。公元 1 世纪初，罗马军队将西藏獒引进瑞士，在阿尔卑斯山的圣伯纳寺中饲养。公元 10 世纪，修道士们用大丹犬和大比利牛斯犬与西藏獒杂交育成了圣伯纳犬。圣伯纳犬以救助迷路顾客而闻名。该犬体型粗大，吻长，眼睛呈深褐色，耳下垂；前肢粗直，后肢健壮，肌肉发达；头盖骨突出，头大而圆，鼻梁直，额段发达，尾下垂。圣伯纳犬有长毛和短毛两个品种，长毛品种毛长、密生、笔直呈波状；短毛品种毛短，密生，硬直，富有光泽。无论是长毛还是短毛品种，毛色都是白色带红黄色或红黄色带白色，红黄色浓淡有不同，嘴周围、鼻带、前额、颈圈、胸部、四肢、尾尖为白色，眼眶、颊部、耳朵为黑色。公犬体高达 70 cm 以上，母犬体高达 65 cm 以上。长毛品种公犬体重一般为 64~91 kg，最大的超过 100 kg，母犬体重一般为 54~57 kg。短毛品种体重较轻。圣伯纳犬聪明，温顺，情绪稳定，忠于主人。

8. **獒犬（马士提夫犬）**

獒犬，原产于英国，其祖先是中国西藏獒。公元前 55 年，由帕尼人运至英国饲养，此后罗马政治家、军事家凯撒远征英格兰将其带回罗马。在罗马战争中，獒犬多用于军犬。该犬紧凑结实，给人以雄壮尊严的印象；头部大，嘴短而宽，耳根高、垂耳，眼呈褐色，眼距宽；头顶略呈圆形，颊部皮肤松弛有皱褶，颈强有力；前肢粗直，后肢较宽，肌肉发达、尾下垂；背毛短而平滑，毛色有杏黄色、浅黄色等，眼眶、鼻子、耳朵、嘴巴为黑色。公犬体高达 76 cm，母犬体高达 70 cm。獒犬体重一般在 80~100 kg。獒犬忠实、勇敢、温顺、善良，在犬群中争斗性强。

9. **太行犬**

太行犬是产于山西太行地区的一种地方良种犬，河南、河北两省也有分布。太行犬体型高大，胸宽而深，四肢粗壮，出肉率较高，耐粗饲，适应性强，抗病力好，繁殖力高，生长发育速度快，被毛有黑色、黄色，也有少量红色、白色。太行犬体高一般为 55~60 cm，体重一般为 28~32 kg，最大体重达 40kg，是肉用犬理想品种之一。在粗放条件下，太行犬成年（8~11 个月）屠宰率一般为 57%~60%，腿臀重量占胴体重量的 16% 左右，净肉率平均为 80%，骨肉比为 1 ∶ 5 左右。

10. 西藏獒（藏獒、西藏马士提夫犬）

西藏獒，原产于中国西藏，现广泛分布在青藏高原牧区，据估计有 30 万 ~40 万只，但优良者不足 1%，纯种西藏獒多见于河曲地区，被西藏人视为“神犬”，加之西藏交通不便，所以西藏獒种得以保存。西藏獒体貌威武雄壮，体高似驴，头部硕大，吻粗短，额段较高，鼻大黑色，上下颌强健，咬肌发达；眼睛呈深褐色，耳呈心形、下垂；颈粗壮有力，胸宽而深，背腰平直；四肢结实有力，脚呈圆形，尾高、卷于背上，背毛浓密，颈部和尾部有饰毛，毛色为黑色，眼眶、嘴巴、胸前、腹下四肢有金色毛或黄色毛点缀。西藏獒体高最高达 80cm 左右，体重最重达 100kg 左右。西藏獒性格刚毅，力大凶猛，耐寒怕热，护领地、食物，善于攻击，但对主人极其亲热。

犬的经济价值及养殖意义

二、材料准备

（1）教师提供家犬的品种图片，供学生研究。

（2）学生根据指定图片，查阅相关教学资料。

（3）通过所学内容，学生对指定图片进行准确识别。

（4）学生对该家犬的外貌特征及生产性能进行描述。

三、工具准备

电脑、笔记本、纸、笔。

四、人员准备

人员分组，每组 6 人，明确职责分工。

任务角色	任务内容
组长：	任务：
组员 1：	任务：
组员 2：	任务：
组员 3：	任务：
组员 4：	任务：
组员 5：	任务：

任务筹划

一、内容

犬的起源；犬的经济价值及养殖意义；犬的分类；家犬的常见品种识别。

二、方法

掌握犬的起源，理解犬的经济价值及养殖意义；掌握犬的分类；掌握家犬的常见品种识别。

三、流程

第一步：学习犬的起源、经济价值及养殖意义。
第二步：了解犬的分类方法。
第三步：学习家犬的常见品种。
第四步：利用图片，分组探究、识别犬种。

任务实施

步骤一：
步骤二：
步骤三：
步骤四：
任务总结：

任务检测

请扫码答题

任务评价

工作任务完成过程评价表

班级:________ 组别:________ 姓名:________

项目	评分标准	自我评价	小组评价	教师评价
犬的品种学习（35分）	叙述犬的起源（10分）			
	简述犬的经济价值及养殖意义（10分）			
	叙述家犬的分类及品种介绍（15分）			
任务完成过程（40分）	能够根据工作任务分析并制定工作思路（10分）			
	查找资料、认真思考、积极动手动脑（10分）			
	团队协作良好，交流顺畅，合作默契，互帮互助（10分）			
	小组分工明确，通过小组讨论与再学习较好地完成任务（10分）			
识别结果（15分）	识别结果准确（5分）			
	描述家犬的特征（很好为10分；较好为7~9分；一般为3~6分；较差为0~2分）			
思政素养表现（10分）	通过犬的经济价值及养殖意义介绍，让学生知道犬的重要地位，引导学生关爱动物（5分）			
	通过对家犬的品种学习，引导学生要自觉保护地方犬业资源（5分）			
合计（100分）				
自我评价与总结				
教师点评				

任务二 家犬的繁殖

任务导入

小王家的母犬怀孕了，因家里人都是第一次养犬，没有任何经验。最近母犬要临盆了，家里人手忙脚乱的，不知道该怎么办才好？

请你为他做一个指导手册，并在必要时进行实践指导。

任务工单

班级：____________ 姓名：____________ 学号：____________

任务名称	家犬的繁殖指导
任务描述	根据实际情况，填写本任务的内容、目的、流程和方法。 任务内容：以上述案例为例，结合所学知识，为小王家的犬做一个全程的繁殖指导手册以指导实践。 任务目的：以本次任务为契机，掌握常见家犬繁殖的相关知识，会灵活处理家犬繁殖中的系列问题，为今后家犬的养殖打牢基础。 任务流程：查阅相关资料信息，分组调查研究，小组讨论分析，给出指导意见。 任务方法：小组讨论＋撰写指导手册＋全程指导。
获取信息	要完成任务，需要掌握相关的知识。请收集资料，回答以下问题。 （1）什么是家犬的性成熟与发情？ （2）家犬的配种方式有哪几种？ （3）家犬的妊娠与分娩分别是指什么？ （4）简单介绍家犬的哺乳与断奶。
制订计划	

（续表）

<table>
<tr><td rowspan="6">任务实施</td><td colspan="4">按照预先制订的工作计划，完成本任务，并记录任务实施过程。</td></tr>
<tr><td>序号</td><td>完成的任务</td><td>遇到的问题</td><td>解决办法</td></tr>
<tr><td></td><td></td><td></td><td></td></tr>
<tr><td></td><td></td><td></td><td></td></tr>
<tr><td></td><td></td><td></td><td></td></tr>
<tr><td></td><td></td><td></td><td></td></tr>
</table>

任务准备

一、知识准备

（一）犬的配种方式

1. 自然交配

当采用自然交配的方式时，公犬、母犬比例为 1：（6~7）。

2. 人工辅助交配

因公犬、母犬个体差异较大，或公犬没有配种经验，或母犬虽发情但拒绝交配，公犬、母犬不能独立完成交配的，遇到上述情况都要进行人工辅助交配，即协助公犬将其阴茎导入母犬阴道，或抓紧母犬脖圈，托住腹部，站立保定母犬，有关人员辅助公犬交配，必要时进行强制性交配。辅助交配必须注意人犬安全，对咬人或咬公犬的母犬应戴上口笼。交配时应注意防止母犬突然卧倒造成公犬阴茎受挫。在公犬射精后，出现公犬、母犬连体现象（俗称狗连裆），不要强行分开，任其自然解脱。炎热季节宜在早、晚凉爽时配种，严寒天气宜在中午交配。

家犬一般交配 1~2 次，若交配 2 次，以间隔 1~2 d 为宜。若为商品（肉用）犬，可采用"双重配种"，即第一只公犬交配后，间隔 1 d 左右，再选用第二只公犬与母犬交配，这样受胎率高，产仔多，后代生命力强。若为种用犬或宠物犬，可采用"重复配种"，即第一次交配后，间隔 1~2d 再用同一只公犬进行第二次交配，这样可增加受精机会，并能掌握后代血统，在种犬场上广泛采用。

3. 人工授精

有些地方进行人工授精，但不普及。

（二）妊娠与分娩

受精后，母犬进入妊娠期，母犬在黄体激素（孕酮）的作用下，子宫黏膜继续增生，子宫壁继续增厚，这些都是在为胚胎的发育做准备。

妊娠也称"怀孕"，是指由受精卵附着在子宫角发育开始直到发育成熟的胎儿出生为止。在此期间，母犬的全身状态，特别是生殖器官会相应地发生一系列的生理变化。

1. 家犬的妊娠

（1）妊娠期。母犬的妊娠期是指从最后一次配种日期算起直至胎儿正常分娩时的这一段时间。家犬的妊娠期为60 d左右，其变动范围是58~63 d。妊娠期的长短因家犬品种、年龄、胎次、胎儿数目、饲养管理条件等因素而变化。一般来说，小型犬比大型犬的妊娠期短；胎数多的家犬比胎数少的家犬妊娠期短。

（2）妊娠症状。当母犬妊娠20 d时，大多会出现食欲减退的现象，约1/3的妊娠犬在这时会有“妊娠反应”的呕吐，持续1~2 d，此后食欲逐渐增加，对食物的消化吸收能力增强。在妊娠中期，母犬行动缓慢而谨慎，有时震颤，喜欢温暖场所；在妊娠后期，母犬易疲劳，频繁排尿，接近分娩时有做窝行为。

妊娠35~40 d后腹围开始增大，妊娠55 d时增至最大，此后保持这种状态直到分娩。妊娠30 d以后，母犬体重迅速增加，胎儿数越多，增加越快。妊娠35 d以后，乳房开始增大，乳头周围无色素区的皮肤变红，妊娠49 d后乳房明显增大，接近分娩时能分泌乳汁。

（3）妊娠诊断。生产中，尽早知道交配后的母犬是否受孕，以便可以加强妊娠犬的饲养，防止流产或事故的发生，这对胎儿的健康十分重要。

家犬的妊娠诊断是根据母犬在妊娠期发生的一系列生理变化而采取的相应检查方法，检查方法包括外部观察法，触诊法和超声波多普勒法。目前，主要采用外部观察法来断定母犬是否妊娠。

①外部观察法。在交配后3周左右，可发现母犬食欲减退并有呕吐现象，这是妊娠反应。交配后30 d左右，可看到近胸的腹部逐渐增大，食欲增加，动作安稳，体重逐渐增大。但胎儿较少时，不易看出腹部的变化，之后腹部毛会脱落，乳房会肿大或分泌乳汁。但这些并不能完全证明是妊娠，因为母犬在交配后2个月内即使不孕也有类似的现象。

②触诊法。触诊法是妊娠诊断中最常用的方法。当妊娠4周左右时，着床部位的子宫因胚胎发育而膨胀起来，这时腹壁触诊最明显，当妊娠45~55 d时胎儿迅速生长，体长可达7.5 cm左右，这时触诊母犬后腹部比前部明显。妊娠55 d至分娩期间很容易触诊到各个胎儿。

③超声波多普勒法。应用超声波多普勒法可以准确诊断母犬是否怀孕，但设备比较昂贵，还不能在养殖户中普遍应用。此法是通过确认子宫动脉音、胎儿心音及胎盘血流信号来诊断妊娠的方法。在妊娠25d时，胎儿心音及胎盘血流信号都可听到，结合子宫动脉音来诊断，其准确率达95%以上。在分娩延迟或难产时，此法也可鉴别胎儿的死活。

2. 家犬的分娩

分娩是指母体排出成熟的胎儿、胎膜和胎水的生理过程。胎儿的产出主要是由子宫肌和腹壁肌等一系列肌肉强烈收缩来实现的。

（1）分娩前的准备。在预产前1周左右要做好接产的一切准备。母犬怀孕7周之后，就会自动寻找屋角、棚下等隐蔽地方挖掘地洞，这表明母犬在为分娩做准备，这时就应开始为母犬的分娩做好安排。在母犬分娩前要准备好产房，产房一般在母犬原来居住的犬舍，产房需彻底清扫一遍，保证干净整洁。产房要重新换上垫草并用0.5%来苏尔溶液喷洒消毒，寒冷季节要采取防寒措施。产房温度要保持在15~18℃。母犬应提前2周搬到新居产房，以适应产房环境，减少应激因素对分娩的影响，犬产房要求宽敞，光线充足，空气流通，另外要准备好所需器具和物品，如剪刀、镊子、缝合针线、注射器、酒精、碘酒、棉球及催产药物等，同时还应准备恢复母犬体力的红糖和清洁饮水等。

（2）分娩预兆。母犬的正常体温为 38~39 ℃，临产前 2 d 左右母犬体温开始下降，可降到 36.5~37.5 ℃，当体温开始回升时表明即将分娩，这是预测分娩的重要指标。分娩前 24~26 h，母犬食欲逐渐减退，甚至停食，行动急躁，常以脚抓地，尤其初产母犬的反应更为突出。孕犬臀部坐骨结节处下隐，外部生殖器肿胀，阴唇皮肤褶皱展开，呈弛缓状态。分娩是借助于子宫和腹肌的收缩，将胎儿、胎盘、胎膜及其附属物通过产道排出体外，分娩过程可分为以下三个阶段。

①子宫开口期。从子宫开始间歇性收缩起，到子宫颈口完全开放，与阴道之间的界限完全消失为止，这个时期称为子宫开口期。在此期间，子宫颈松弛和开张约需 4 h，但也有持续 6~12 h 的。

②胎儿产出期。从子宫颈完全开放至排出胎儿为止，这个时期称为胎儿产出期。此时期的特点是阵缩和努责共同作用，而努责是娩出胎儿的主要动力，它比阵缩出现晚、停止早。此时母犬是安静的，然而，在某些情况下，尤其是对于首次分娩的母犬，当第一个胎儿通过产道时，它们会因疼痛而嚎叫，呼吸加快、加深，母犬可能会出现气喘和颤抖的现象。在子宫阵缩和强力努责的推动下，包着胎膜的胎儿（胎胞）在阴门露出，随即胞胎娩出。此时，母犬非常激动，用力舔胞胎并迅速用牙齿撕破胎膜，咬断脐带，舔干胎儿身上的黏液，吃掉胎膜和胎盘。母犬舔初生胎儿的肛门及会阴部，这种刺激可促进胎儿排尿和排出胎粪。

③胎衣排出期。胎儿娩出后紧接着胎衣会排出，也有几个胎儿已经娩出，胎衣还没有排出来，脐索仍在产道的情况，此时，助产人员可抓住脐索将胎盘拉出。

（3）助产。在正常情况下，分娩是不需要人去特殊照护的，全靠母体本能完成。只有在不顺利的时候才需助产。如因腹压衰弱、分娩困难时，可采取按摩腹部或热敷的方式进行助产。

（4）产后卫生。产后卫生包括产部洗净，垫草更换和饮食卫生几个方面。

①产部洗净。母犬分娩完毕后，其外阴、尾、乳房及其他被污染的部位，都要用温水洗净并擦干。在擦洗过程中要轻快，防止影响母犬休息。

②垫草更换。在分娩后，垫草会被污染，并有强烈臭味，应及时更换。母犬分娩后，疲劳伏卧，此时皮肤感觉非常敏锐，易引起感冒。所以在分娩后，要用毛巾或软草对母犬的皮肤进行摩擦，这样可防止寒气侵袭，还能促使子宫收缩，使胎盘迅速排出。

③饮食卫生。在分娩后，母犬的食物应以容易消化为唯一条件。饮水切忌饮用冷水。有条件的可根据具体情况补以强壮剂，或者给予红糖。在 3d 以后，饲料的喂量即可照常喂给。

（5）在分娩过程中，应做好以下几项工作。

①仔犬出生后，应按顺序编号，并做明显标记，如发现有狼爪，应及时剪除并涂上碘酊。

②仔犬出生后应立即称体重，并做好记录。

③母犬吃胎盘、胎膜是正常现象，胎盘、胎膜中含有丰富的蛋白质和激素，对母犬补充能量、促进子宫收缩和乳汁分泌均有好处。但吃得太多，会引起消化不良。

此外，在整个分娩过程中，无关人员禁止进入产房，以免干扰母犬的分娩。分娩结束，应及时擦净母犬周身，清除污物，更换垫草。

家犬发情、哺乳与断奶

二、材料准备

（1）查阅资料，掌握家犬的性成熟与发情特征。

（2）通过系列视频，掌握家犬的配种方法及要领。

（3）准备好小动物的生产工具包，从而更好地协助家犬分娩。

（4）撰写指导手册，并做好指导准备。

三、工具准备

电脑、视频、小动物的生产工具包。

四、人员准备

人员分组，每组 6 人，明确职责分工。

任务角色	任务内容
组长：	任务：
组员 1：	任务：
组员 2：	任务：
组员 3：	任务：
组员 4：	任务：
组员 5：	任务：

任务筹划

一、内容

家犬的性成熟与发情；家犬的配种；家犬的妊娠与分娩；家犬的哺乳与断奶。

二、方法

掌握犬的性成熟与发情；学会家犬的配种；熟悉家犬的妊娠与分娩；明白家犬的哺乳与断奶要领。

任务实施

步骤一：
步骤二：
步骤三：
步骤四：
任务总结

任务检测

请扫码答题

任务评价

工作任务完成过程评价表

班级：______________ 组别：______________ 姓名：______________

项目	评分标准	自我评价	小组评价	教师评价
家犬的繁殖知识（35分）	掌握家犬的性成熟与发情特征（10分）			
	学会家犬的配种方法（10分）			
	熟悉家犬的妊娠与分娩（15分）			
任务完成过程（40分）	能够根据工作任务分析并制定工作思路（10分）			
	查找资料、认真思考、积极动手动脑（10分）			
	团队协作良好，交流顺畅，合作默契，互帮互助（10分）			
	小组分工明确，通过小组讨论与再学习较好地完成结果（10分）			

（续表）

项目	评分标准	自我评价	小组评价	教师评价
手册情况（15分）	手册实用、方法可行（5分）			
	是否思路清楚、表达通俗易懂（很好为10分；较好为7~9分；一般为3~6分；较差为0~2分）			
思政素养（10分）	通过家犬繁殖知识的学习和手册撰写，使学生产生浓厚兴趣，完成情况良好（5分）			
	通过家犬的繁殖学习，引导学生关爱身边小动物，关注动物福利（5分）			
合计（100分）				
自我评价与总结				
教师点评				

任务三　家犬的饲养管理

任务导入

结合所学内容，给学院的试验犬做一次日粮。

任务工单

班级：________________　姓名：________________　学号：________________

任务名称	家犬的饲养管理
任务描述	根据实际情况，填写本任务的内容、目的、流程和方法。 任务内容：结合所学知识，请给学院的家犬做一次日粮。 任务目的：以本次任务为契机，掌握家犬的生物学特性；清楚家犬的日粮与饲喂方法；知道家犬的常规管理要点；明白不同阶段家犬的饲养管理要领，为今后家犬的养殖打牢基础。 任务流程：查阅资料信息，分组调查研究，小组讨论分析，制作犬的日粮。 任务方法：小组讨论 + 制作日粮

（续表）

<table>
<tr><td>获取信息</td><td colspan="4">要完成任务，需要掌握相关的知识。请收集资料，回答以下问题。
（1）家犬的生物学特性与生活习性包括哪些？
（2）家犬的日粮与饲喂方法有哪些？
（3）家犬的常规管理是指什么？
（4）不同阶段家犬的饲养管理有什么不同？</td></tr>
<tr><td>制订计划</td><td colspan="4"></td></tr>
<tr><td rowspan="6">任务实施</td><td colspan="4">按照预先制订的工作计划，完成本任务，并记录任务实施过程。</td></tr>
<tr><td>序号</td><td>完成的任务</td><td>遇到的问题</td><td>解决办法</td></tr>
<tr><td></td><td></td><td></td><td></td></tr>
<tr><td></td><td></td><td></td><td></td></tr>
<tr><td></td><td></td><td></td><td></td></tr>
<tr><td></td><td></td><td></td><td></td></tr>
</table>

任务准备

一、知识准备

1. 哺乳仔犬的饲养

（1）吃足初乳。母犬产后 1 周分泌的乳为初乳，初乳中含有丰富的营养物质，尤其是含有多种抗体。新生仔犬若得不到初乳中的抗体会很难成活。因此，初生的仔犬应尽早吃足初乳，以增强抗病、抗寒能力。

（2）固定乳头。为了提高仔犬的成活率，必须固定乳头，对吃不上初乳的仔犬，特别是体弱的仔犬，应帮助它们找到乳量较多的乳头吸吮。母犬的前两对乳头乳汁较少，后两对乳头乳汁较多。

（3）补铁。初生仔犬在 15~20 d 后就普遍患有不同程度的贫血病，导致被毛粗乱，皮肤苍白，发育迟缓，生长不良，其主要是由缺铁引起的。为了预防贫血病的发生，除了给仔犬肌注 1 mL 含铁质的补铁剂——富铁力、母犬喂含铁丰富的饲料外，最有效的办法是在仔犬 3 日龄至 1 周龄内，进行补铁。

（4）及时补奶和补饲。随着仔犬的生长，其需奶量逐渐增加，母犬乳汁供不应求。如不及时补奶、补料，则易造成营养不良，体质瘦弱，影响正常的生长发育。应及时补给牛奶及一些味道鲜美、适口性好、易消化的饲料，乳温应为 27~30 ℃，每天分 3~4 次补给。

2. 幼犬的饲养

（1）仔犬的断奶。断奶时间可根据仔犬的体质和母犬的授乳情况而定，一般在 45 d 左右断奶。

（2）幼犬的饲养。幼犬时期是家犬生长发育的主要阶段，此阶段中家犬生长迅速，要供给充足的蛋白质、易消化的脂肪、碳水化合物、矿物质及维生素等。谷类饲料，如小米、豆类、小麦、玉米，要煮熟后饲喂。动物性饲料，如动物肝脏、血液、肉骨粉等，其他还有鱼粉、奶粉、鸡蛋等，幼犬每天至少喂 4 次。家犬对饲料的适应性比较强，要定时、定量喂养，做到圈舍、地点、饲料三不变，避免影响生长发育。

3. 肥育犬的饲养

肥育犬每日应喂 3 次，进食量可按 20~30 g/kg 体重计算，每天 200~500 g。此外，还需补充少量的熟肉、煮过的蔬菜、鱼粉和骨粉等。出栏前 30 d，饲料中可适当增加脂肪成分，如猪牛内脏、牛油、饭店剩菜汁等，这样可增加饲料中的脂肪成分，利于催肥。

为加速肉犬肥育，在肉犬快速催肥的第 3 个月开始添加闹羊花、曼陀罗、洋金花等中草药，减少家犬的活动量，加快生长速度。与传统方法相比，此法可使肥育犬提前 2~3 个月出栏，而且肉质鲜嫩。

4. 妊娠及哺乳母犬的饲养

母犬的妊娠期为 58~64 d，平均为 62 d。妊娠期母犬的饲养，应充分供给营养丰富的食物，保证胎儿的正常发育，保证母犬健康及产生乳汁。母犬妊娠 1 个月左右，应适当增加一些肉类、鱼粉和骨粉等。妊娠 1.5 月左右，除每天早晚饲喂外，中午应加喂 1 次，临产前稍减喂食量。

母犬分娩后 3 d 内，饲喂量应适当减少，4 d 后逐渐增加，1 周左右恢复正常。同时，也要适当增加动物性饲料，如碎肉、鸡蛋等。对于泌乳不足的母犬，可喂给红糖拌小麦粉以促进产乳，或加喂催乳剂。

5. 种公犬的饲养

只有种公犬体格健壮、发育良好、精力充沛、性机能旺盛，才能得到较多的体质好、体型好且生命力强的仔狗。种公犬的食物中，动物蛋白质的含量要高于其他犬，饲料要多种搭配，以保证营养的丰富性。日粮中，每千克混合料中应含粗蛋白质 16%，在配种前 10~15 d，应逐渐提高饲料标准，加强营养，使公犬在配种期性欲旺盛，精液品质良好。日粮中脂肪和碳水化合物含量相对要低一些，目的是让种公犬既保持体质健壮，又使体躯不过肥或过瘦，以免影响公犬的性欲和精液品质。为了提高公犬的精液品质，在日粮中应注意钙、磷、维生素 A、维生素 D、维生素 E 的适量添加。

家犬的生物学特性与生活习性、饲喂和常规管理

二、材料准备

（1）查阅资料，掌握家犬的生物学特性与生活习性。
（2）通过查询文献和资料，掌握家犬的营养标准。
（3）家犬的饲养管理要点。
（4）家犬日粮搭配教程。

三、工具准备

电脑和制作日粮的材料和工具。

四、人员准备

人员分组，每组 6 人，明确职责分工。

任务角色	任务内容
组长：	任务：
组员 1：	任务：
组员 2：	任务：
组员 3：	任务：
组员 4：	任务：
组员 5：	任务：

任务筹划

一、内容

家犬的生物学特性与生活习性；家犬的日粮与饲喂；家犬的常规管理；不同阶段家犬的饲养管理。

二、方法

掌握家犬的生物学特性与生活习性；掌握家犬的日粮配比与饲喂方法；清楚家犬的常规管理；能够进行不同阶段家犬的饲养管理。

三、流程

第一步：重点先学习家犬的生物学特性与生活习性。
第二步：通过查阅饲养标准，掌握家犬的日粮配比与饲喂方法。
第三步：清楚家犬的常规管理要点。
第四步：分类梳理不同阶段家犬的饲养管理要点。

任务实施

步骤一：
步骤二：
步骤三：
步骤四：
任务总结：

任务检测

请扫码答题

任务评价

工作任务完成过程评价表

班级：________________　组别：________________　姓名：________________

项目	评分标准	自我评价	小组评价	教师评价
家犬的养殖知识（35 分）	掌握家犬的生物学特性与生活习性（10 分）			
	掌握家犬的日粮配比与饲喂方法（10 分）			
	清楚家犬的饲养管理要点（15 分）			

（续表）

项目	评分标准	自我评价	小组评价	教师评价
任务完成过程（40分）	能够根据工作任务分析并制定工作思路（10分）			
	查找资料、认真思考、积极动手动脑（10分）			
	团队协作良好，交流顺畅，合作默契，互帮互助（10分）			
	小组分工明确，通过小组讨论与再学习较好地完成任务（10分）			
日粮加工（15分）	日粮营养搭配应合理、全面（5分）			
	家犬喜食、饲养效果好（很好为10分；较好为7~9分；一般为3~6分；较差为0~2分）			
思政素养（10分）	通过日粮加工与调制，使学生产生浓厚兴趣，完成情况良好（5分）			
	通过本任务的完成，要求学生在满足日粮营养价值的同时，还要严把饲料安全关，确保动物健康生产（5分）			
合计（100分）				
自我评价与总结				
教师点评				

任务四 家犬的疫病防治

任务导入

青海省玉树、果洛等地区为包虫病的高发区，所以家犬的包虫病防治显得非常重要。请你根据自家周边的实际情况，拟订一份包虫病的防治方案。

任务工单

班级:______________　姓名:__________　学号:______________

<table>
<tr><td>任务名称</td><td colspan="4">家犬的疫病防治</td></tr>
<tr><td>任务描述</td><td colspan="4">根据实际情况，填写本任务的内容、目的、流程和方法。
任务内容：结合所学知识，请给自家周边的犬群拟一份包虫病的防治方案。
任务目的：以本次任务为契机，掌握家犬常见病的临床特征、诊断要点和防治措施，为今后家犬的养殖打牢基础。
任务流程：查阅资料信息，分组调查研究，小组讨论分析，撰写方案。
任务方法：小组讨论 + 撰写方案</td></tr>
<tr><td>获取信息</td><td colspan="4">要完成任务，需要掌握相关的知识。请收集资料，回答以下问题。
（1）家犬的常见传染病有哪些?

（2）家犬的常见寄生虫病有哪些?</td></tr>
<tr><td>制订计划</td><td colspan="4"></td></tr>
<tr><td rowspan="5">任务实施</td><td colspan="4">按照预先制订的工作计划，完成本任务，并记录任务实施过程。</td></tr>
<tr><td>序号</td><td>完成的任务</td><td>遇到的问题</td><td>解决办法</td></tr>
<tr><td></td><td></td><td></td><td></td></tr>
<tr><td></td><td></td><td></td><td></td></tr>
<tr><td></td><td></td><td></td><td></td></tr>
</table>

任务准备

一、知识准备

（一）狂犬病

1. 定义

狂犬病，俗称“疯狗病”，是人、家畜（家犬）及多种动物共患的急性接触性传染病。

其主要特征是神经系统障碍，最终因呼吸道麻痹而死。家犬是病毒主要携带者和传播动物，其次是猫。野生动物中的狼和狐是病毒的储存宿主，被狼咬伤发病率最高。

2. 诊断要点

狂犬病的临床症状比较明显，通常都有与家犬、猫等动物的接触或被咬的经历。因此，结合临床症状即可进行初步诊断。狂犬病分狂暴型和麻痹型两种，其中以狂暴型危害最大。

狂暴型狂犬病分三期，即前驱期、兴奋期和麻痹期。前驱期持续 1~2 d，病犬精神沉郁，怕光，行为异常，瞳孔放大，反射亢进，爱吃异物，吞咽困难，唾液增多，后躯无力；兴奋期持续 2~4 d，病犬狂暴不安，攻击性强，反射异常，喉肌麻痹，狂暴与抑郁交替出现；麻痹期持续 12 d，病犬消瘦，张口垂舌，后躯麻痹，行走摇晃，最终全身麻痹而亡。

3. 防治

（1）预防。本病的潜伏期长短不一，一般为 15 d，长者可达数月，潜伏期的长短和病毒的毒力、感染的部位有关，人一旦被含有狂犬病病毒的家犬咬伤，死亡率是 100%。由近年来的统计数据表明，狂犬病的潜伏期在缩短、发病较急、青少年死亡率较高，有的表现为在紧急免疫期就发病而亡，要引起高度重视。所以作为宠物犬，一定要注意狂犬疫苗的预防注射。

国家对狂犬病实行强制免疫接种。用单价灭活苗或改良的活毒狂犬疫苗免疫可预防狂犬病，免疫程序为：活苗，3~4 月龄的家犬首次免疫，1 岁时再次免疫，然后每隔 2~3 年免疫一次；灭活苗，在 3~4 月龄家犬首免后，二免在首免后 3 周进行，二免后每隔一年免疫一次。

狂犬病对人的危害性很大，人一旦被狂犬病病犬咬伤，如不在 24 h 之内注射疫苗和高免血清，一旦出现狂犬病症状，死亡率是 100%。所以动物主人一定要按免疫程序定期给其家犬注射狂犬病疫苗，防止被家犬咬伤。对于家养的大型犬，一定要圈养、拴养，防止咬伤他人，人一旦被不明的犬咬伤后应立即到防疫部门进行紧急免疫。对于无主犬及野犬，发现后应立即扑杀。

（2）治疗。该病目前无任何有效的治疗方法，发现病犬后应立即捕杀淘汰，应以预防为主。

（二）犬细小病毒病

1. 定义

犬细小病毒病是由犬细小病毒引起的犬的一种急性、高度接触性传染病。以急性出血性肠炎和非化脓性心肌炎为特征。该病多发生于幼犬，病死率 100%。1989 年，我国首次报道有本病的存在，目前已广泛流行。

2. 诊断要点

（1）本病不分年龄，均可感染，主要是幼犬。未免疫接种犬最易感染，即使免疫过的家犬也可能感染。主要为直接接触或间接接触感染，主要通过消化道感染。潜伏期为 7~14 d，无明显季节性，大城市易感染，发病率为 20%~100%，死亡率为 50%~100%。

（2）被细小病毒感染后的家犬，在临床上可分为心肌炎型和肠炎型。

①心肌炎型。患犬常突然发病，迅速衰竭，呼吸困难，因急性心力衰竭而突然死亡。取粪便做血凝试验可做出诊断，电镜检查可直接检出病原。血常规检查可观察到白细胞数明显减少至 2 000 以下。

②肠炎型。患犬的粪便呈番茄汁样出血性腹泻，有特殊的腥臭味。患犬迅速脱水，眼窝凹陷，皮肤弹性降低，呕吐，体液电解质和酸碱平衡失调。通过尸体刮检，可发现肠炎型患犬的小肠出血明显，内含大量血液，胃黏膜出血，肠系膜淋巴结肿大出血，肠上皮细胞内有核内包涵体。

3. 防治

（1）预防。犬细小病毒主要的感染途径有两种，一是病犬和健康犬直接接触或经污染的饲料和饮水通过消化道感染；二是人、虱、苍蝇和蟑螂等接触犬细小病毒后成为病毒携带者，间接感染了健康犬。感染后 1~2 周内通过粪便排毒，以 4~7 d 排毒最多；发病急性期，呕吐物和唾液也可排毒；康复犬可长期通过粪便排毒。预防的方法主要有以下几种。

①隔离饲养。隔离消毒、紧急免疫是防止影响犬细小病毒大规模流行的主要措施。病犬是主要的传染源，一旦发病要立即隔离。防止病犬和病犬饲养人员与健康犬接触，对犬舍及场地用 2% 火碱溶液或 10%~20% 漂白粉等反复消毒。

②肠胃保护。犬细小病毒感染引起的胃肠出血，胃肠黏膜脱落及呕吐导致胃液倒流引起的食道、鼻腔炎症都需要辅助治疗，起到保护正常组织、修复受损组织、缩短治疗周期的作用。

③免疫预防。目前国内使用的疫苗有犬细小病毒灭活疫苗、犬二联苗（犬细小病毒病、犬传染性肝炎）、犬三联苗（犬瘟热、犬细小病毒病、犬传染性肝炎）、犬五联苗等。对 30~90 d 龄的家犬应注射 3 次，90 d 龄以上的家犬应注射 2 次，每次间隔为 2~4 周。首次注射一个头份剂量（2 mL），以后每半年加强免疫 1 次。治愈的家犬仅极少数因护理或其他原因复发。但感染过犬细小病毒的家犬，因不能终生免疫而必须注射疫苗，否则有再感染的危险。

此外，遵从医嘱，禁饮禁食，强制休息，保温措施及康复调理是提高影响犬细小病毒感染的治愈率的关键措施。

（2）治疗。治疗的方法主要有以下几种。

①特异性治疗方法。犬细小病毒病的早期应利用犬细小病毒单克隆抗体或高免血清中和家犬体内的病毒。目前我国已有厂家生产单克隆抗体和高免血清，临床应用有一定的治疗效果。

②对症治疗。对症治疗包括止吐、止泻和止血。

止吐。一般呕吐症状会持续 4~5 d，爱茂尔、胃复安、维生素 B_6、阿托品、氯丙嗪都有止吐作用，虽可以缓解呕吐，但对于顽固性呕吐的止吐效果均不够理想。首选爱茂尔肌注，必要时用阿托品，胃肠道有出血者忌用胃复安。

止泻。鞣酸蛋白、施密达都有止泻作用，但因其呕吐，不适宜口服给药，用施密达深部灌肠效果较好。

止血。肾上腺色腙、氨甲苯酸、氨甲环酸、维生素 K_1、维生素 K_3，均可用于止血，肌注效果不理想，采用联合肌注或静脉滴注酚磺乙胺、氨甲苯酸有较好的疗效。

用等渗的葡萄糖盐水加入 5% 碳酸氢钠注射液给予静注是必须的。可根据脱水的程度决定补液量的多少。

③消炎。地塞米松，0.5mg/kg，混合肌注；庆大霉素，10 000 IU/kg；胃复安，2 mg/kg，肌注。

（三）犬瘟热

1. 定义

犬瘟热是由犬瘟热病毒引起的一种高度接触性传染病。本病多发生于 3~6 月龄的幼犬，青年犬发病率也较高。主要特征为发热、结膜炎、鼻黏膜及消化道发生炎症，并可继发支气管炎、卡他性肺炎、胃肠炎和神经症状等。

2. 诊断要点

犬瘟热的诊断方法，应结合流行病学、临床典型症状分析和血液常规检测进行诊断。一些宠物医院应用犬瘟热快速检测试纸条来进行诊断，该方法快速、简便，但要注意出现假阳性的情况。

（1）寒冷季节（10 月份至翌年 4 月）多发。本病多见于犬类比较集聚的单位或地区。犬科动物、毛皮兽和猫科动物是其易感染动物。一旦犬群发生本病，除非在绝对隔离条件下，否则其他幼犬很难避免被感染。哺乳仔犬可从母乳中获得抗体，故很少发病。通常以 3 月龄至 1 岁的幼犬最易感染。犬场犬只未进行犬瘟热疫苗免疫接种，或疫苗质量有问题，或免疫程序不当，均可能引起犬瘟热流行。

（2）多系统出现病症。该病的体温呈双相热型，即病初体温可达 40 ℃左右，持续 1~2 d 后降至正常温度，经 2~3 d 后，体温再次升高；第二次体温升高时（少数病例在此时死亡）出现呼吸道症状，病犬咳嗽，打喷嚏，流浆液性至脓性鼻汁，鼻镜干燥；眼睑肿胀，化脓性结膜炎，后期常可发生角膜溃疡；下腹部和股内侧皮肤上有米粒大红点、水肿和化脓性丘疹；常发呕吐；初便秘，不久下痢，粪便恶臭，有时混有血液和气泡。有的病犬，病初就出现神经症状，有的在病后 7~10 d 才出现神经症状。由于本病常与犬传染性肝炎等病混合感染及继发感染细菌，使症状复杂化。

（3）血液常规检测。血液常规检测一般包括白细胞总数和白细胞分类计数。

①白细胞总数。感染犬瘟热后，大多数犬只的白细胞总数呈明显的下降趋势；在感染后期仅为正常白细胞总数的 1/3。

②白细胞分类计数。大多数犬只在感染 5~8 d 后，淋巴细胞分类计数下降而中性粒细胞分类计数上升。淋巴细胞最低时仅占白细胞总数的 3%~5%；而中性粒细胞可高达 93%~97%。

此外，包涵体检查法、酶联免疫吸附试验（ELISA）的特异性和敏感度很好，有条件的地方可以采用这两种方法。

（4）鉴别诊断。鉴别诊断可包括以下几种。

①犬传染性肝炎。犬传染性肝炎出血后血凝时间延长，剖检有特征性的肝脏和胆囊病

变及体腔血样的渗出液，而犬瘟热无此变化，可以区别。

②钩端螺旋体病。该病不发生呼吸道和结膜的炎症，但具有明显的黄疸。

③狂犬病。病犬对人或其他动物都有攻击性，狂犬病病毒能凝集鹅红细胞，而对其他动物和人的红细胞无凝集特性。

④日本脑炎。该病主要发生在4—10月份蚊子繁殖的季节，多呈散发性。

上述症状只可做出初步诊断，最后确诊还须采取病料（眼结膜、膀胱、胃、肺脏、气管及大脑、血清）送往检验单位，做病毒分离、中和试验等特异性检查。

3. **防治**

（1）预防。预防的方法主要有以下几种。

①隔离病犬，无害化处理死亡犬尸体，对环境和用具用3%甲醛溶液、3%苛性钠溶液或5%石炭酸溶液进行彻底消毒，有的器具可用煮沸或蒸汽消毒。

②免疫注射并配合抗生素药物及对症疗法。目前，我国生产的犬瘟热疫苗是细胞培养弱毒疫苗。为了提高免疫效果，应按以下免疫程序接种。仔犬6周龄时为首次免疫时间，8周龄时进行第二次免疫，10周龄时进行第三次免疫。以后每年免疫1次，每次的免疫剂量为2 mL，为了提高免疫接种的效果，减少感染率，在购买仔犬时，最好先给仔犬接种犬五联高免血清4~5 mL，1周后再注射1次，2周后再按上述免疫程序接种犬五联疫苗，这样既安全可靠，又可减少发病率。

③加强兽医卫生检疫措施。

④及时隔离治疗，治疗方法同上。

⑤加强犬舍、养殖场、病犬的用具消毒力度。

（2）治疗。本着标本兼治、病原疗法和对证疗法相结合的基本原则，治疗的方法主要有以下几种。

①消炎。有呼吸道症状的犬只，使用头孢拉定50 mg/kg，或头孢唑琳钠100 mg/kg，静注，1次/天，重症者1次/天，连续5~7 d；有消化道症状的犬只，则用硫酸庆大霉素5 000~10 000 IU/kg，1~2次/天，连续3~5 d。必要时口服胃肠黏膜保护剂。

②补液。对病程长、不食、有脱水症状的犬只，大量补给葡萄糖和电解质混合液，并加入维生素B、维生素C、三磷酸腺苷、辅酶A等能量合剂，对价值高的种犬可静注复方氨基酸注射液或白蛋白注射液。

③特异性疗法。特异性疗法主要有以下几种。

a. 抗犬瘟热高免血清，2~3 mL/kg，皮下或肌注。

b. 犬瘟热病毒单克隆抗体，治疗量为0.5 mL/kg，腹股沟内侧肌肉注射，连用3 d，严重者酌情加倍。预防量要视情况而定，体重在10 kg以下的犬只，每只肌肉注射4~6 mL；体重在10~25 kg的犬只，每只肌注6~10 mL；体重在25kg以上的犬只，每只肌肉注射10~15 mL；可保护犬只1周内免受犬瘟热病毒的感染。

c. 犬细小病毒和犬瘟热病毒二联单克隆抗体，其剂量同犬瘟热病毒单克隆抗体。

④降温。体温超过39.6 ℃时，则口服阿司匹林或肌注复方氨替比林。

⑤镇静。对出现神经症状的犬只，可口服扑癫酮55 mg/kg，或地西泮5~20 mg/kg，

2 次 / 天。

（四）绦虫病

1. 定义

绦虫病主要是由假叶目和园叶目的各种绦虫引起的犬寄生虫病。在生产中，危害较大的犬绦虫病主要有以下几种。

（1）多头带绦虫病。多头带绦虫寄生于家犬、狼、狐狸的小肠，中绦期幼虫为脑多头蚴，又称脑共尾蚴或脑包虫，寄生于羊、牛的脑内，引起多头蚴病，又称为脑包虫病，脑多头蚴有时也能在延脑和脊髓中发现，人也能偶尔感染。

（2）细粒棘球绦虫病。细粒棘球绦虫病是由带科棘球属的细粒棘球绦虫寄生于家犬、狼等食肉动物小肠引起的疾病。幼虫即棘球蚴，寄生于羊、牛、马、猪等动物，也可寄生于人体，引起棘球蚴病（或包虫病）。

（3）泡状带绦虫病。泡状带绦虫病由泡状带绦虫寄生于家犬、狼和狐狸等动物的小肠内引起的疾病。其中，绦幼虫为细颈囊尾蚴，寄生于猪、绵羊、山羊等动物肝脏浆膜、大网膜、肠系膜及其他器官中，引起细颈囊尾蚴病。严重感染时还可进入胸腔，寄生于肺部。

（4）豆状带绦虫病。豆状带绦虫病是由豆状带绦虫寄生于家犬、狼、狐等犬科动物的小肠内引起的疾病。中绦期幼虫为豆状囊尾蚴，寄生于家兔的肝脏、网膜、肠系膜和直肠浆膜下等处，引起豆状囊尾蚴病。

（5）犬复孔绦虫病。犬复孔绦虫病是由双壳科复孔属的犬复孔绦虫寄生于家犬、猫等动物的小肠引起的疾病。犬复孔绦虫病是家犬、猫常见的寄生虫病，人体偶尔感染，特别是儿童。

（6）带状带绦虫病。带状带绦虫也称带状泡尾绦虫，主要寄生于猫的小肠内，也见于家犬，是猫体最大的绦虫带状带绦虫，偶尔寄生于人体小肠中。中绦期幼虫为链尾蚴，又名带形囊尾蚴，寄生于多种啮齿动物的肝脏内，特别常见于鼠类的肝脏，兔及人偶尔感染。

2. 诊断要点

（1）临床特征。在轻度感染时往往不引起人的注意，当大量感染时，可造成家犬营养不良，消瘦，贫血，胃肠道症状及神经症状，重者可导致全身衰弱而亡。根据肛门周围沾有脱落的节片或粪便中有脱落的虫体节片可以确诊。

（2）实验室粪便检查。用饱和盐水浮集法检查粪便，若显微镜下看到虫卵或卵囊即可确诊。

3. 防治

（1）预防。预防的方法主要有以下几种。

①对家犬进行定期驱虫，在服驱虫药后 3d 内将家犬拴养或关养；收集家犬粪便进行无害化处理。

②病畜的内脏不得喂家犬，煮熟后可当作饲料。

③经常保持犬舍、饲草、饲料和饮水卫生，防止被家犬粪便污染。

④捕杀畜群附近的野犬，消除传染源。

⑤经常与家犬接触的人，注意清洁卫生，防止误食虫卵。

（2）治疗。绦虫病需空腹投药。

①氯硝柳胺，100~150 mg/kg，1 次内服。

②盐酸丁奈脒，50 mg/kg，1 次内服，间隔 48 h 再服 1 次。

③吡喹酮，5 mg/kg，1 次内服。

④氢溴酸槟榔素，1~2 mg/kg，1 次内服。

⑤丙硫咪唑，10~20 mg/kg，1 次 / 天，口服，连用 3~4 d。

犬其他常见病介绍

二、材料准备

（1）掌握家犬的常见传染病病症。

（2）掌握家犬的常见寄生虫病病症。

（3）病样的采集诊断设施设备。

（4）家犬的常用药品。

三、工具准备

电脑、采样设施设备、诊断检测设备、药品。

四、人员准备

人员分组，每组 6 人，明确职责分工。

任务角色	任务内容
组长：	任务：
组员 1：	任务：
组员 2：	任务：
组员 3：	任务：
组员 4：	任务：
组员 5：	任务：

任务筹划

一、内容

家犬的常见传染病；家犬的常见寄生虫病；病样的采集、诊断；家犬的给药。

二、方法

掌握家犬的常见传染病；掌握家犬的常见寄生虫病；了解病样的采集、诊断；学会家犬的给药方法。

三、流程

第一步：掌握家犬的常见传染病病症。
第二步：掌握家犬的常见寄生虫病病症。
第三步：了解病料的采集、诊断。
第四步：学会家犬的给药技术。

任务实施

步骤一：
步骤二：
步骤三：
步骤四：
任务总结：

任务检测

请扫码答题

任务评价

工作任务完成过程评价表

班级：____________ 组别：____________ 姓名：____________

项目	评分标准	自我评价	小组评价	教师评价
家犬常见病的防治（35分）	掌握家犬的传染性疾病（10分）			
	掌握家犬的寄生虫病（10分）			
	了解病料的采集与诊断（15分）			
任务完成过程（40分）	能够根据工作任务分析并制定工作思路（10分）			
	查找资料、认真思考、积极动手动脑（10分）			
	团队协作良好，交流顺畅合作默契，互帮互助（10分）			
	小组分工明确，通过小组讨论与再学习较好地完成任务（10分）			

（续表）

项目	评分标准	自我评价	小组评价	教师评价
防治措施的制定（15 分）	对症下药（5 分）			
	药物安全有效（很好为 10 分；较好为 7~9 分；一般为 3~6 分；较差为 0~2 分）			
思政素养（10 分）	通过家犬常见病的学习，让学生在生产中能够做好疾病的提前预防工作（5 分）			
	穿插包虫病的防治资料，使学生了解青海省在包虫病防治、诊断等方面的学术贡献和水平，引导学生树立文化自信，从而增强学生的民族自豪感，获得努力学习、促进学科领域发展的动力（5 分）			
合计（100 分）				
自我评价与总结				
教师点评				

项目四 家猫养殖与疾病防治

项目导读

本项目主要介绍家猫的常见品种，家猫的繁殖知识，家猫的生理特性和生活习性，不同季节、不同阶段家猫的饲养管理技术，家猫常见的传染病种类、临床特征、免疫计划，家猫常见的寄生虫病及防治措施，家猫中毒鼠药种类及预防鼠药中毒的措施。通过学习，重点掌握家猫的性成熟、初配年龄、发情周期、妊娠期等繁殖知识，知道家猫的主要品种、生物学特性、饲养管理要点及猫病防治措施，为家猫的健康生产、安全生产打好基础。

知识目标

（1）熟记家猫的初配年龄、发情周期、性成熟年龄和妊娠期。
（2）掌握家猫的繁殖规律及其繁殖过程。
（3）理解家猫的生物学特性。
（4）掌握家猫的常规日粮配方和饲养管理要点。
（5）清楚不同阶段家猫的饲养管理技术。
（6）知道家猫常见传染病的种类、临床特征、免疫程序。
（7）清楚家猫寄生虫病的防治措施及驱虫制度。

技能目标

（1）能够识别家猫的主要品种。
（2）能够进行家猫的保定。
（3）能够指导家猫的繁殖过程。
（4）学会家猫常用的免疫方法和给药方法。

素质目标

引导学生扎扎实实学好专业知识，鼓励学生从关爱身边动物、关注动物福利做起，积极参与地方猫业资源的保护工作。

任务一　家猫的品种识别

任务导入

在课堂上，老师将展示若干家猫的品种图片。学生将分组，利用他们所学的专业知识，对图片中家猫的品种进行识别，并详细描述它们的特征。

任务工单

班级:＿＿＿＿＿＿　姓名:＿＿＿＿＿＿　学号:＿＿＿＿＿＿

任务名称	家猫的品种识别
任务描述	根据实际情况，填写本任务的内容、目的、流程和方法。 任务内容：以展示的若干家猫图片为内容，结合所学知识，仔细识别家猫的品种，并说出它们的特征。 任务目的：以本次任务为契机，掌握常见家猫的主要品种及特征，为今后家猫的养殖提供帮助。 任务流程：查阅资料信息，分组调查研究，小组讨论分析，给出识别结果。 任务方法：小组讨论 + 图片识别 + 特征描述
获取信息	要完成任务，需要掌握相关的知识。请收集资料，回答以下问题。 （1）简述猫的起源。 （2）叙述猫的经济价值及养殖意义 （3）猫的分类方法有哪些？ （4）介绍家猫的常见品种。
制订计划	

（续表）

任务实施	按照预先制订的工作计划，完成本任务，并记录任务实施过程。			
	序号	完成的任务	遇到的问题	解决的办法

任务准备

一、知识准备

1. 国内主要的家猫品种

（1）狸花猫。狸花猫又名虎斑猫，除颈、腹下毛色为灰白色外，其余部分均为黑灰色条纹，形如虎皮。狸花猫毛短而光亮滑润，皮脂腺发达，耐热不耐寒；捕鼠能力强，产仔率高，野性较大，抗病力差，不守家。狸花猫多见于河南等地。

（2）云猫。云猫又名中云猫，因身上的毛色似天上的云彩而得名。由于喜食椰子树和棕榈树汁，故又被称为椰子猫和棕榈猫。云猫的毛色呈棕黄或黑灰色，头部为黑色，眼睛的下方及侧面有白斑，身体两侧为黑色花斑，背部有数条黑色纵纹，四肢及尾为黑褐色。云猫外观美丽，但繁殖率较低，仅分布于我国南方地区。

（3）山东狮子猫。山东狮子猫因颈部毛长，形如狮子而得名。毛色主要有白色，也有黄色和黑白花。山东狮子猫背部毛长 4~5 cm，尾部粗大，身体健壮，抗病力强，耐寒，善捕鼠。其繁殖率低，主要分布在山东省，以临清狮子猫最为名贵。临清狮子猫是用波斯猫与本地猫杂交选育的，头圆适中，头毛较短，口大齿利，触须较长，鼻端粉红，眼大而圆，凹镶于眼眶内，眼色有对黄、对蓝和双眼一黄一蓝；耳厚大竖立，耳内毛短，胸背较宽，腰圆；头颈、腰线结合紧凑，胸椎、腰椎柔韧；4 对乳头均匀分布于腹白线两侧，四肢健壮、短矮，尾粗且长，皮肤疏松致密。山东狮子猫性格表现为温顺、活泼、机警，善跳能攀，动作敏捷，给人以娇媚、文静、清高、独居的感觉。山东狮子猫平均寿命为 8~12 年。

（4）四川简州猫。四川简州猫体型高大强壮，动作十分敏捷，以善捕鼠而闻名，在农村饲养量较大。

2. 国外著名的家猫品种

（1）波斯猫。波斯猫又称长毛猫原产于伊朗。波斯猫体型矮壮，头圆宽，脸颊丰满，耳小圆尖，鼻短，眼睛大而圆，多为黄色，眼色因毛色而异，四肢粗短，脚爪大，尾短且毛蓬松，被毛丰厚，有弹性，不耐热，性格喜静，不善运动。公猫性成熟时间为 10~

14 月龄，母猫性成熟时间为 7~12 月龄，属于季节性发情动物，通常 9 月开始发情，周期为 14 d，持续 2~4 d；妊娠期约 63 d，每窝产仔 3~5 只。波斯猫是饲养数量最多的猫种之一，有“猫中王子”“猫中王妃”之称，观赏价值高。其性情温和，举止优雅，恋家、乐观，对人友好，适合作为伴侣动物。

（2）泰国猫。泰国猫原产于暹罗（今泰国），故名暹罗猫。泰国猫是世界著名的短毛猫，也是短毛猫的代表品种。在 200 多年前，这种珍贵的猫仅在泰国的皇宫和大寺院中饲养，是足不出户的贵族。泰国猫头细长，呈楔形；头盖平坦，从侧面看，头顶部至鼻尖成直线；脸形尖而呈 V 字形，口吻尖突呈锐角，从吻端至耳尖形成 V 字形；鼻梁高而直，从鼻端到耳尖恰为等边三角形；两颊瘦削，齿为剪式咬合；耳朵大，基部宽，耳端尖、直立；眼睛大小适中，呈杏仁形，为蓝色，或深或浅；从内眼角至眼梢的延长线，与耳尖构成 V 字形；眼微凸；尾长而细，尾端尖略卷曲；长度与后肢相等。柔韧性好，肌肉发达，身材苗条，长得棱角分明，腿细而长。掌很小，呈椭圆形。尾巴长而美丽，尾端尖。暹罗猫够较好地适应当地的气候，且性格刚烈好动，机智灵活，好奇心较强，善解人意。

（3）缅因猫。缅因猫是美国最大、最古老的猫种。缅因猫头宽厚，耳大，颈部中等长，身体高大，四肢粗壮，尾长；毛长而厚，以尾和腹部最长，肩部最短，颈部毛长而蓬松。缅因猫身体强壮，抵抗力强，耐寒，善捕鼠，许多人用它看门，易和人相处，性格温顺，重感情。它们拥有浓密的被毛和宽大的脸庞，看起来非常可爱。缅因猫喜欢与人相处，善于表达情感，是猫界的“大暖男”。

（4）安哥拉猫。安哥拉猫身材修长，背部起伏较大，四肢高而细，头长而尖，耳大。安哥拉猫的全身被有细丝般的长毛，有红色、褐色、黑色和白色之分，一般认为白色为正宗的安哥拉纯种猫。被毛短、尾巴短的猫则不符合其品种标准。

（5）英国短毛猫。英国短毛猫是最古老的猫种之一，为英国第三大纯种猫族群，并且在世界上广受欢迎。英国短毛猫体型中等到大型，胸、肩、臀均宽，肌肉发达；头宽、圆而大，满月脸颊，鼻子短，下巴坚固，和鼻子构成垂线；耳朵大小中等，眼睛大而圆，间距大；尾巴长度为身长的 2/3，毛型短而密，质地暗。英国短毛猫是最善于捕猎的猫类之一，被英国人公认为“捕鼠能手”。该猫天生爱洁净，举止端庄，好奇心强烈，喜欢夜游，任性，独立性较强；善与小孩和狗共同玩耍，是成年人的忠实伴侣；有良好的心理素质，平均寿命为 14~20 年。

（6）喜马拉雅猫。喜马拉雅猫头宽、耳小，尾和四肢短粗，鼻子平短；毛长而柔软，白色为其基本毛色，在耳、面、尾、四肢有深色色点，色点的颜色有海豹色、蓝色、巧克力色、红色和淡紫色。如为三角头形，骨骼脆弱，内视眼，被毛花斑，都不符合其品种标准。

（7）巴曼猫。巴曼猫的毛色很有特点，全身被有银白色的长毛，面部、耳朵、尾巴、四肢呈黑色（也有呈绿色、巧克力色和紫罗兰色的），但四肢末端却呈白色，故有人称为“四蹄踏雪”。巴曼猫的体型类似波斯猫，腿短、体长，鼻子、耳朵较大，眼睛为深绿色。

（8）俄罗斯蓝猫。俄罗斯蓝猫头略凹陷，耳大而长，眼睛为浅绿色，身材较长，尾巴长而尖；毛短而密，光滑而富有光泽，全身被浓密而柔软的厚绒毛，触之有天鹅绒般柔滑的感觉，并闪动着一种银蓝色光泽，特别耐寒。俄罗斯蓝猫典雅高贵，性格稳重，对主人极为依恋。俄罗斯蓝猫喜欢安静的环境，是喜欢安静生活的猫奴的绝佳选择。

（9）东方短毛猫。东方短毛猫原产于英国，体型与暹罗猫相似。1975 年美国才正式承认东方短毛猫这一品种。东方短毛猫的头呈楔形，躯干精悍，尾巴细长而柔软，被毛短，紧贴皮肤。其体毛的颜色和形式丰富多彩，其中薰衣草色和赭色为其特有色彩。此外，东方短毛猫重感情，喜欢撒娇，勇敢，嫉妒心强，智商高。

猫的起源、经济价值和分类地位

（10）苏格兰折耳猫。苏格兰折耳猫是一种在耳朵有基因突变的猫种。苏格兰折耳猫的头呈方形，身材粗壮，两耳下垂，鼻小而扁，四肢粗壮，尾较短，尾尖钝圆，毛色有金黄色、黑色和浅蓝色等。它们最大的特点是拥有向前折叠的耳朵，看起来非常温顺可爱。苏格兰折耳猫喜欢安静的环境，善于适应新环境，是家庭宠物的理想之选。

二、材料准备

（1）教师提供家猫的品种图片，供学生研究。
（2）学生根据指定图片，查阅相关教学资料。
（3）根据所学内容，准确对指定图片进行识别。
（4）对家猫的外貌特征及生产性能进行描述。

三、工具准备

电脑、笔记本、纸、笔。

四、人员准备

人员分组，每组 6 人，明确职责分工。

任务角色	任务内容
组长：	任务：
组员 1：	任务：
组员 2：	任务：
组员 3：	任务：
组员 4：	任务：
组员 5：	任务：

任务筹划

一、内容

猫的起源；猫的经济价值及养殖意义；猫的动物学地位及分类方法；家猫的常见品种介绍。

二、方法

了解猫的起源；知道猫的经济价值及养殖意义；掌握猫的动物学地位及分类方法；学习家猫的常见品种。

三、流程

第一步：了解猫的起源。
第二步：明白猫的经济价值及养殖意义。
第三步：掌握猫的动物学地位及分类方法。
第四步：利用图片进行家猫的品种识别。

任务实施

步骤一：
步骤二：
步骤三：
步骤四：
任务总结：

任务检测

请扫码答题

任务评价

工作任务完成过程评价表

班级：________ 组别：________ 姓名：________

<table>
<tr><th>项目</th><th>评分标准</th><th>自我评价</th><th>小组评价</th><th>教师评价</th></tr>
<tr><td rowspan="3">家猫的品种学习（35分）</td><td>了解猫的起源（10分）</td><td></td><td></td><td></td></tr>
<tr><td>知道猫的养殖意义及经济价值（10分）</td><td></td><td></td><td></td></tr>
<tr><td>学习家猫的品种介绍（15分）</td><td></td><td></td><td></td></tr>
<tr><td rowspan="4">任务完成过程（40分）</td><td>能够根据工作任务分析并制定工作思路（10分）</td><td></td><td></td><td></td></tr>
<tr><td>查找资料、认真思考、积极动手动脑（10分）</td><td></td><td></td><td></td></tr>
<tr><td>团队协作良好，交流顺畅，合作默契，互帮互助（10分）</td><td></td><td></td><td></td></tr>
<tr><td>小组分工明确，通过小组讨论与再学习较好地完成任务（10分）</td><td></td><td></td><td></td></tr>
<tr><td rowspan="2">识别结果（15分）</td><td>识别结果准确（5分）</td><td></td><td></td><td></td></tr>
<tr><td>猫的特征描述（很好为10分；较好为7~9分；一般为3~6分；较差为0~2分）</td><td></td><td></td><td></td></tr>
<tr><td rowspan="2">思政素养（10分）</td><td>通过猫的养殖意义及经济价值介绍，让学生了解猫的重要作用，引导学生关爱动物（5分）</td><td></td><td></td><td></td></tr>
<tr><td>通过家猫的品种学习，倡导学生要自觉保护地方种业资源（5分）</td><td></td><td></td><td></td></tr>
<tr><td colspan="2">合计（100分）</td><td></td><td></td><td></td></tr>
<tr><td>自我评价与总结</td><td colspan="4"></td></tr>
<tr><td>教师点评</td><td colspan="4"></td></tr>
</table>

任务二　家猫的繁殖

任务导入

小花养的母猫最近一直叫个不停，于是她决定咨询当地经验丰富的兽医，寻求专业的建议和帮助。兽医师说，母猫发情了，需要给它配种。

请你为小花家的母猫做一个繁殖生产手册，并在必要时进行实践指导。

任务工单

班级：＿＿＿＿＿＿＿＿　姓名：＿＿＿＿＿＿＿＿　学号：＿＿＿＿＿＿＿＿

<table>
<tr><td>任务名称</td><td colspan="4">家猫的繁殖指导</td></tr>
<tr><td>任务描述</td><td colspan="4">根据实际情况，填写本任务的内容、目的、流程和方法。
任务内容：以上述案例为例，结合所学知识，为小花家的母猫做一个繁殖生产指导手册以指导实践。
任务目的：以本次任务为契机，掌握常见家猫繁殖的相关知识，为今后家猫的养殖打牢基础。
任务流程：查阅资料信息，分组调查研究，小组讨论分析，给出指导意见。
任务方法：小组讨论＋撰写指导手册＋全程指导。</td></tr>
<tr><td>获取信息</td><td colspan="4">要完成任务，需要掌握相关的知识。请收集资料，回答以下问题。
（1）什么是家猫的性成熟与发情。

（2）家猫的配种过程应注意什么？

（3）家猫的妊娠与分娩时会有什么表现？</td></tr>
<tr><td>制订计划</td><td colspan="4"></td></tr>
<tr><td rowspan="6">任务实施</td><td colspan="4">按照预先制订的工作计划，完成本任务，并记录任务实施过程。</td></tr>
<tr><td>序号</td><td>完成的任务</td><td>遇到的问题</td><td>解决办法</td></tr>
<tr><td></td><td></td><td></td><td></td></tr>
<tr><td></td><td></td><td></td><td></td></tr>
<tr><td></td><td></td><td></td><td></td></tr>
<tr><td></td><td></td><td></td><td></td></tr>
</table>

任务准备

一、知识准备

（一）家猫的配种

母猫发情后，要选择优良的种公猫配种，配种的适宜时间为母猫发情的第二天晚间，配种后 24 h 母猫开始排卵。一般情况下，一次就能配准。为了保险起见，次日晚间可再交配一次。配种时要把母猫放到公猫的住处（或笼子里），公猫受到母猫的刺激便会很快进行交配。公猫、母猫交配时，不愿让人观看，喜欢暗处进行，同时周围应保持安静。当公猫、母猫交配成功后，应立即将公猫、母猫分开。同时要对母猫严加看管，防止其他公猫交配。

在一个发情周期里，母猫最多只能交配 2~3 次，公猫每天最多只能交配 2 次。为了提高母猫的利用年限，要严格控制母猫的配种次数和产仔窝数。母猫一般每年产仔 2~3 窝为宜。母猫在春、秋两季产仔最佳。

（二）母猫的妊娠与分娩

1. 妊娠

母猫的妊娠期一般为 60~68 d，平均妊娠期为 63 d，每次怀孕的平均胎数约为 3~4 只。

母猫一般在交配成功后的 2~3 d 内发情症状会消失，从而出现妊娠症状，表现为：怀孕第 3 周开始，母猫的乳头会变红；随后母猫的体重会逐渐增加 1~2 kg；母猫的腹部逐渐膨大，行为改变，母猫会变得具有母性。

母猫配种后的 21~28 d，可带母猫到兽医院进行腹部触诊及超声波扫描，此时就可以确认母猫是否怀孕。

2. 分娩

从交配之日算起，一般大约在 65 d，母猫将会分娩。不同的母猫品种，妊娠期略有差异。长毛猫和纯种猫的妊娠期略长，长 1~2 d；短毛猫和家猫的妊娠期略短，短 1~2 d。总的来说，前后误差不超过 7 d。母猫分娩前常常感到不安，食欲不振，经常回望腹部，体温比之前有所下降，会刨地做窝，寻找安静的环境。

母猫分娩时常常先产出仔猫的头部，然后再产出身体和尾部。产出的仔猫被裹在胎衣囊里，随后母猫将胎衣囊撕开，咬断脐带，吃掉胎衣、胎盘，舔干小猫身上的羊水。此时，母猫很疲劳，要让它休息好，不要打扰。对于在产仔过程中过于疲劳的母猫，要给其饮用牛奶或温开水。分娩后的 24 h 内，母猫愿意待在产仔窝内，人们不要去打扰它。

家猫的性成熟与发情

二、材料准备

（1）不同品种家猫的性成熟时间。

（2）家猫的发情症状及适合配种的时间。
（3）家猫的配种方法及要领。
（4）撰写指导手册，并做好指导准备。

三、工具准备

电脑、短视频、小动物生产工具包。

四、人员准备

人员分组，每组 6 人，明确职责分工。

任务角色	任务内容
组长：	任务：
组员 1：	任务：
组员 2：	任务：
组员 3：	任务：
组员 4：	任务：
组员 5：	任务：

任务筹划

一、内容

家猫的性成熟与发情；家猫的配种；母猫的妊娠与分娩；手册的撰写。

二、方法

掌握家猫的性成熟与发情；学会家猫的配种；熟悉母猫的妊娠与分娩；知道指导手册如何撰写。

三、流程

第一步：查阅资料，掌握家猫的性成熟与发情。
第二步：通过一系列的短视频，掌握家猫的配种方法及要领。
第三步：准备好小动物生产工具包，更好地协助家猫的繁殖过程。
第四步：撰写指导手册，并做好指导准备。

任务实施

步骤一：

步骤二：
步骤三：
步骤四：
任务总结：

任务检测

请扫码答题

任务评价

工作任务完成过程评价表

班级：________ 组别：________ 姓名：________

项目	评分标准	自我评价	小组评价	教师评价
家猫的繁殖知识（35分）	掌握家猫的性成熟与发情（10分）			
	学会家猫的配种（10分）			
	熟悉母猫的妊娠与分娩（15分）			
任务完成过程（40分）	能够根据工作任务分析并制定工作思路（10分）			
	查找资料、认真思考、积极动手动脑（10分）			
	团队协作良好，交流顺畅，合作默契，互帮互助（10分）			
	小组分工明确，通过小组讨论与再学习较好地完成结果任务（10分）			
手册情况（15分）	手册是否实用、方法是否可行（5分）			
	思路是否清楚、表达通俗易懂（很好为10分；较好为7~9分；一般为3~6分；较差为0~2分）			
思政素养（10分）	通过家猫繁殖知识的学习和手册的撰写，使学生产生浓厚兴趣，完成情况良好（5分）			
	通过对家猫的繁殖学习，引导学生关爱身边小动物，关注动物福利（5分）			
合计（100分）				

（续表）

自我评价与总结	
教师点评	

任务三　家猫的饲养管理

任务导入

学院新引进了一批宠物猫，为了科学健康地饲养这批宠物猫，请你给它们制订一套饲养管理操作规程。

任务工单

班级：____________　姓名：____________　学号：____________

任务名称	家猫的饲养管理
任务描述	根据实际情况，填写本任务的内容、目的、流程和方法。 任务内容：结合所学知识，请给学院的宠物猫制订一套饲养管理操作规程。 任务目的：以本次任务为契机，掌握常见家猫的生物学特性、不同季节不同阶段家猫的饲养管理要点，为今后家猫的健康养殖打牢基础。 任务流程：查阅资料信息，分组调查研究，小组讨论分析，制作饲养管理操作规程。 任务方法：小组讨论 + 制定规程
获取信息	要完成任务，需要掌握相关的知识。请收集资料，回答以下问题。 （1）简述家猫的生物学特性与生活习性。 （2）不同季节对家猫的饲养管理有何不同？ （3）不同阶段对家猫的饲养管理有何不同？ （4）简述家猫的日粮及饲喂要点的注意事项。

（续表）

<table>
<tr><td>制订计划</td><td colspan="4"></td></tr>
<tr><td rowspan="6">任务实施</td><td colspan="4">按照预先制订的工作计划，完成本任务，并记录任务实施过程。</td></tr>
<tr><td>序号</td><td>完成的任务</td><td>遇到的问题</td><td>解决办法</td></tr>
<tr><td></td><td></td><td></td><td></td></tr>
<tr><td></td><td></td><td></td><td></td></tr>
<tr><td></td><td></td><td></td><td></td></tr>
<tr><td></td><td></td><td></td><td></td></tr>
</table>

任务准备

一、知识准备

（一）不同季节家猫的饲养管理

1. 春季

春季是家猫发情和换毛的季节，也是家猫求偶、交配和进行繁殖活动的季节。要特别注意发情与交配的管理。6月龄的公猫、母猫一定要严加看管；如不准备使母猫怀孕、繁殖，最好将母猫去势或关在室内；安排怀孕的母猫建议选择优良公猫配种；公猫发情时常于夜间外出找配偶，因争配偶而争斗，发生各种外伤，应及时治疗；公猫在6月龄时应去势；春季也是换毛季节，故应注意给家猫勤梳被毛，预防外寄生虫病和皮肤病的发生。

2. 夏季

夏季气候炎热，空气潮湿，家猫的食物容易因高温、潮湿而受到各种霉菌和肠道细菌的污染，这些微生物的滋生繁殖，将使猫食腐烂变质，产生有毒、有害、腐败的分解产物和毒素。如果家猫进食这些受到污染的食物，就会发生食物中毒，这是家猫在夏季里容易受到的最大威胁之一。只有猫主人严格按照干净、新鲜的卫生原则去饲喂，才不容易出现食物中毒的现象。家猫是怕热的动物，因为其全身被毛覆盖，而家猫的体表还缺乏汗腺，所以对暑热的调节功能较差。当外界温度过高、湿度过大时，家猫不能及时地将体热散发出来，极容易发生中暑现象，长毛品种猫尤其如此。因此，主人应该给家猫准备一个凉爽、通风、干燥且无烈日晒的生活场所，以便于家猫顺利地度过炎热的夏季。

3. 秋季

秋高气爽，家猫的食欲逐渐旺盛，又是第二个繁殖的季节。此阶段要注意提供足够数量和营养全面的饲养，增强家猫的体质，增强御寒能力；秋季气温逐渐变凉，昼夜温差较大，特别是深秋，气温更低，家猫很容易着凉，应注意预防感冒及呼吸道疾病。

4. 冬季

天气寒冷，家猫的运动量不足，在管理上要注意预防呼吸道疾病和肥胖症的发生。冬季室外气温寒冷，尤其是北方地区，家猫的室外运动应减少或停止。此季节应注意防止感冒、煤气中毒和烧伤；建议多晒太阳；加强室内运动；同时要防止家猫上床，钻被窝。

（二）不同阶段家猫的饲养管理

1. 幼猫的饲养管理

家猫的哺乳期为 35~40 d，幼猫断奶后，需要人为对其照顾，而饲养的小猫最好是断奶后的，因为这时的小猫容易调教。年龄稍大的家猫，对周围环境已经适应，有了较固定的生活方式，因而较难调教。另外，初次养猫，最好是在秋天里抱养。对幼猫首先要做到以下几点。

（1）准备合适的饲养环境。检查一下养猫的生活必需品是否齐全，先将门窗关好，以防猫逃走。一般说来，小猫需 3~5 d 来适应新环境，过了这段时间就能安下心来，不再逃走。要避免大声喧闹，以免小猫受到惊吓。猫窝里要垫些小猫曾用过的布片、垫纸等，小猫可以从布片、垫纸上嗅到母亲和同胞兄妹的气味，从而得到安慰。把小猫安顿好以后，避免逗引和干扰它，让小猫安静地休息，几天以后，小猫就能适应新环境。

（2）增进人与家猫的感情。一般情况下小猫适应后的第一个象征就是不再鸣叫，并开始梳理被毛，这时要多与小猫接触，以迅速建立感情。平时要经常温柔地抚摸它的被毛，用温和的语气同它交谈，闲暇之余，抱着小猫去晒太阳，到公园或花园里散步，同它嬉戏，让它感到与你在一起很安全，并把你当成它的好伙伴。小猫对你会产生一种依赖感，你就会成为它生命中的一部分，从而舍不得与你分开。

（3）精心地喂养。有时小猫由于孤独、紧张而不停地鸣叫，并拒绝采食，这时可先给小猫饮水，然后喂点从原主人家拿来的食物。如果还不吃，也不要强迫它吃。一般一天以后，小猫对周围环境有了初步了解，缓解了紧张感，就可以进食了。喂的食物要质高、量少，每天多喂几次。

（4）防寒保暖。小猫的窝应安置在防风、保暖的地方，必要时可放入热水袋或多加些棉絮等保暖。猫窝的温度保持在 25~30 ℃。

在幼猫时期，应对其进行适当的调教和训练，使其在固定的地点大小便，不随意上桌子及上床与人共寝。待家猫长大后会养成良好的习惯。

2. 妊娠期母猫的饲养管理

（1）产房的准备。产房用木板箱或硬纸箱、篮筐等均可。但一定要注意保持产房内的通风和干燥。产房的高度以母猫方便出入为准，仔猫又不能爬出为宜。面积不用很大，母猫能伸开四肢的 3 倍大小为佳。产房应放置在家中较安静和稍暗的角落，但要保持通风和干燥。产房里要铺上清洁的软布。产房最好先晒几天，经过太阳消毒后再安置到固定的地方。细心观察母猫每日的状态。母猫临产时，主人要减少外出的次数，每天检查母猫的阴部。另外考虑到可能会难产，要经常和兽医保持联络。对于长毛品种的母猫，要把屁股周围的毛剪掉，以便小猫吮吸乳汁，阴部的毛也要剃掉。要做好必要时帮助接生的准备，需提前备好毛巾数条、消过毒的剪刀、纱布、纸巾等。冬季如果有电脚炉就方便得多，此外，还要尽量多准备些报纸或卫生纸。

（2）怀孕母猫的护理。交配 4~5 周后，母猫肚子稍微隆起，肚子的大小因胎儿而异。这个时期母猫极易流产，所以不要乱摸其肚子。短毛品种的母猫，由于荷尔蒙的作用，毛色很有光泽。7 周后，肚子更为明显，乳腺张开。母猫体重会比平常增加 1.0~1.5 kg，动作也稍显迟钝。在此阶段，应注意以下几个方面。

①提供丰富的蛋白质和钙。怀孕的母猫在胎儿开始发育 4 周时，会食欲大增。对于有食欲的母猫可以增加一倍的食物量，少食多餐，要分 3~4 次喂给。食物中要含有丰富的胎儿成长所必需的蛋白质和钙，如肝、瘦肉、蛋、牛奶、奶酪、鱼干等都要以新鲜、易消化的为宜。怀孕期严重的腹泻会导致流产，所以注意不要饱餐或出现消化不良的情况。

②保持安静。母猫喜欢安静，不愿意被人或动物打扰。因此将猫窝放在安静、干燥、温暖、有阳光的地方。

③不能擅自给母猫吃药。这时，要经常观察其阴部，一发现有血，即使很少也要马上请兽医检查。让母猫安静地接受治疗，保住胎儿。

④适当的运动。怀孕时适度的运动有利于身体健康，增加肌肉的张力和减少脂肪的蓄积，保证顺利分娩。经常带母猫去室外活动和晒太阳，有利于钙的吸收，对胎儿有利。但要防止母猫从高处跳下，导致流产。

⑤防止流产。妊娠期母猫的腹部受到不适当的挤压，或剧烈的运动时，会造成胎儿发育不良、流产、死胎等情况。因此妊娠期间应减少室外活动的次数和洗澡的次数，洗澡时动作要比平时轻柔，不用大风量的吹风机，尽量将身上的水分擦掉，用小风量的吹风机吹干，产前 7 d，不能洗澡，平时梳理动作要轻，改梳子梳理为手指梳理。

（3）分娩时的护理。分娩前母猫会变得不安。临产时，母猫体温会降至 37 ℃左右，所以冬季要注意保暖。防止母猫不在产箱而在壁橱或沙发底下生产。

母猫阵痛时，为它揉搓一下肚子，阵痛开始在出现混有粉红色血丝的白带前后，由轻慢慢加重，间隔越来越短。母猫四肢和全身抽搐，憋气用力。如果母猫很辛苦的话也可配合其呼吸，自上而下轻轻抚摸其肚子。这样胎儿渐渐露出，疼痛又加剧，羊水破裂。伴随着一阵剧烈的疼痛，小猫被生下，母猫咬破羊膜，开始舔小猫。小猫感应这种爱抚开始呼吸，发出“喵喵”的叫声。稍事片刻，再次用力，胎盘出来，母猫咬断脐带，将胎盘吃光。刚出生的小猫，在身体尚未干之前就能找到母猫的乳房，开始吃奶。一般阵痛之后，30 min 到 1 h 之内，产下第一胎，第一胎后的 4~30 min，阵痛会再次袭来，产第二胎。

如果这一系列的分娩母猫自己能顺利完成的话，不要插手，在一旁照料即可。不过胎盘吃多了，会引起腹泻，所以最多让母猫吃 3 个，剩下的扯断脐带后，扔掉。若母猫不能自己生产，这时需要人们的帮助，可从以下几方面考虑。

①协助分娩。若母猫尚未咬断脐带，用消过毒的剪刀在离小猫腹部 2~3 cm 处将脐带剪断。分娩时通常不会出血，千万不要用力拉扯脐带。逆产胎儿中途被卡住的时候，母猫会很疼痛，有必要从旁边协助。羊水破裂，位于产道的胎儿尾巴或一只脚随着用力而时进

时出；头被卡住，怎么也拉不来，拿毛巾或纱布轻轻包住小猫，顺着母猫的节奏用力，慢慢地往外拉。如果羊水尚未破裂，那么让母猫自己努力即可。

②幼猫出现假死时的救助。分娩耗费时间太多，先出生的小猫就会窒息。此时应用纱布把鼻子和嘴里的羊水擦去，用嘴对着猫的鼻子，轻轻把羊水吸出。也可用毛巾包住小猫，像除水时一样，倒着晃 2~3 次。如果这样还不行的话，就须在脸盆中准备 38~40 ℃的热水和冷水，把小猫交替放进去。然后边擦拭全身，边给心脏按摩。不要因小猫为此而发出的欢叫而停止动作，要坚持进行。动作要快速、沉着地完成，这很重要。

③难产。分娩过程中阵痛减轻，呼吸变弱，母猫昏昏欲睡，1 h 后，小猫仍未出生，或是胎儿太大时，可能要进行剖腹产，所以要和兽医取得联系，请其处理。另外，羊水破得太早，可能会难产，留在体内的胎儿 1 d 后会自己出来，即使胎死腹中，也能自然地出来，腹中有胎儿遗留时，母猫会没有食欲。

3. 哺乳期母猫的饲养管理

母猫在分娩后体力消耗很大，身体比较虚弱，抵抗力明显下降。此外，由于分娩过程中子宫、子宫颈等产道会有不同程度的损伤，加之胎膜、胎液等异物遗留在子宫中形成恶露，为病原微生物的侵入和繁殖提供了良好的条件，所以母猫容易患子宫疾病。同时此阶段的母猫又要哺喂仔猫，需要大量的营养物质，所以对产后的母猫，应特别注意加强护理，保证母猫尽快恢复正常，并防止产后疾病的发生，为此应注意以下几个方面。

（1）喂养方面。顺利产子后的母猫开始“蒙头”大睡。要为其精心准备食物，以补充消耗的体力，保证充足的奶水。饮食量可增至平常的 2~3 倍，必要时可增加喂食的次数。饲料营养成分要全价，并增加日粮中蛋白质、脂肪、维生素和矿物质的含量，喂给鲜鱼汤、牛奶、羊奶、豆浆或肉骨粉之类的饲料，另外根据需要增加饲喂量，同时确保饲料要新鲜、营养高、易消化，适当增加饲喂次数和供给清洁的饮水。

（2）管理方面。提供一个安静、清洁、干燥、温度适宜的生活环境，对母猫恢复健康和提高抵抗力极为重要，猫窝要定期消毒，及时清除残食、粪便和被污染的垫料，趁母猫就餐时，把产房打扫干净，更换所铺的报纸。保持周围环境的清洁卫生，在晴朗的天气应让母猫在室外进行适当的运动。

（3）预防疾病方面。在加强饲养管理的同时，也要注意子宫疾病和乳房炎的发生，母猫自己会舔阴部来杀菌，但长毛品种的母猫仅靠自己是舔不干净的，所以要用药棉蘸温水帮其擦拭。乳头周围也需擦洗干净。子宫疾病和乳房炎是产后的两大主要疾病之一,一旦发病应立即请兽医治疗。

（4）由母猫照顾幼猫的一切起居生活。小猫从出生到 10 d 左右眼睛睁开时，只顾埋头吃奶和睡觉。如母猫身体状况正常的话，小猫靠母乳只需 2~3 周即可明显发育，所以家猫也提倡母乳喂养。母猫对育儿极为热衷，除了吃饭、上厕所，其余时间都待在产箱里，守着小猫，给它们喂奶。小猫开始蹒跚学步前的 3 周内，排尿和排便都是由母猫用舌头帮其进行的。母猫先舔一下刺激其排尿或排便，然后将排出物舔干净。

4. 老年猫的饲养管理

一般来说，8 岁的家猫就算进入老年期了。就像人类会步入夕阳，家猫也会从顽皮可爱的小家伙变成行动迟缓的老者。根据美国的最新研究，家猫的平均寿命是 11.88 岁，而混血猫要比纯种猫的寿命长；绝育猫寿命较长；肥胖猫寿命较短。有许多家猫能活到 15~20 岁，根据记录显示，活的最久的猫活到了 36 岁。但是无论家猫衰老的快慢，超过 6 岁，家猫的器官功能就会开始退化，像人步入老年一样，老年的家猫也喜欢生活安逸，主人不应该强迫它做不愿做的事，对它的行为应该抱有同理心。

（1）衰老的表现。老年猫会明显变得倦怠，缺少活力，不愿多活动；有的老年猫渐渐变得对主人的呼唤没有反应，有时会无缘无故地大声叫；老年猫全身的皮毛变得又薄又干，有脱毛现象，眼球变得混浊；老年猫对冷和热的耐受力变差，睡眠质量也会下降，不容易沉睡，有的老年猫走路变得一瘸一拐，是因为关节的疼痛造成的；便秘、腹泻、时常呕吐，消化系统的紊乱不仅影响了家猫的寿命，还会让它备受折磨；当老年猫改变了以前的梳毛习惯，饭后不再洗脸，或者改变了排泄习惯，找不到沙盆时，它的寿命也许就快要到终点了。

（2）老年猫的护理。老年猫易患的疾病有口腔和牙齿病、便秘、皮肤病、贫血等。老年猫的肌肉和关节的配合及神经的控制协调功能都远不如青年猫，骨骼也变得脆弱，因此不能让它们做一些高难度动作，以免因剧烈运动而导致肌肉拉伤或骨折等。每年定期带老年猫去医院检查尿液、血液和粪便；定期活动，在老年猫休息时尽量多为它按摩肌肉，活动四肢关节；眼睛护理，经常用湿棉花清除过多的黏液，并清洁眼睛周围的皮肤；耳朵护理，定期检查内耳道，清除耳蜡；口腔护理，如有条件，应给爱宠刷牙，降低牙龈发炎和牙结石的可能性；精心的饲养管理，良好的营养对老年猫非常重要，会延长家猫的寿命；老年猫很容易产生压力和失落感，此时应尽可能地多注意它，与它说话并抚摸它；如果衰老已使老年猫无法舒适地生活，为了不使其饱受痛苦，在兽医的建议下，可以施行安乐死，安乐死是无痛苦的，只需注射一针过量的麻醉药便可让它安然睡去。

家猫的生物学特性、生活习性和日常饲喂

二、资料准备

（1）家猫的生物学特性与生活习性。

（2）不同季节家猫的饲养管理。

（3）不同阶段家猫的饲养管理。

（4）家猫的日粮及饲喂方法。

三、工具准备

无。

四、人员准备

人员分组，每组 6 人，明确职责分工。

任务角色	任务内容
组长：	任务：
组员 1：	任务：
组员 2：	任务：
组员 3：	任务：
组员 4：	任务：
组员 5：	任务：

任务筹划

一、内容

家猫的生物学特性与生活习性；不同季节家猫的饲养管理；不同阶段家猫的饲养管理；家猫的日粮及饲喂方法。

二、方法

掌握家猫的生物学特性与生活习性；了解不同季节家猫的饲养管理；了解不同阶段家猫的饲养管理；掌握猫的日粮制作及饲喂方法。

三、流程

第一步：学习家猫的生物学特性与生活习性。
第二步：清楚不同季节家猫的饲养管理。
第三步：梳理清楚各阶段家猫的饲养管理要点。
第四步：掌握家猫的日粮及饲喂方法。

任务实施

步骤一：
步骤二：
步骤三：
步骤四：
任务总结：

任务检测

请扫码答题

任务评价

工作任务完成过程评价表

班级：________________ 组别：________________ 姓名：________________

项目	评分标准	自我评价	小组评价	教师评价
家猫的养殖知识（35分）	学习家猫的生物学特性（10分）			
	清楚不同季节家猫的饲养管理（10分）			
	清楚不同阶段家猫的饲养管理（15分）			
任务完成过程（40分）	能够根据工作任务分析并制定工作思路（10分）			
	查找资料、认真思考、积极动手动脑（10分）			
	团队协作良好，交流顺畅，合作默契，互帮互助（10分）			
	小组分工明确，通过小组讨论与再学习较好地完成任务（10分）			
家猫的日常管理（15分）	规程清楚可操作（5分）			
	饲养管理规范程度（很好为10分；较好为7~9分；一般为3~6分；较差为0~2分）			
思政素养表现（10分）	通过参与实践，使学生产生浓厚兴趣，完成情况良好（5分）			
	通过本任务的完成，要求学生在满足家猫日粮营养价值的同时，还要关注猫舍卫生问题，确保动物健康（5分）			
合计（100分）				
自我评价与总结				

（续表）

教师点评	

任务四　家猫的疫病防治

任务导入

以青海省西宁市湟源县为研究对象，开展一项旨在提高公众意识的猫弓形虫预防调查与宣传活动。

任务工单

班级：＿＿＿＿＿＿＿＿　姓名：＿＿＿＿＿＿＿＿　学号：＿＿＿＿＿＿＿＿

任务名称	家猫的疫病防治
任务描述	根据实际情况，填写本任务的内容、目的、流程和方法。 任务内容：结合所学知识，请以青海省西宁市湟源县为例，做一次有关预防猫弓形虫的调查及宣传，形成报告。 任务目的：以本次任务为契机，掌握家猫寄生虫病的临床特征、诊断要点、防治措施，为今后家猫寄生虫病的防治打牢基础。 任务流程：查阅资料信息，分组调查研究，小组讨论分析，撰写调查报告。 任务方法：小组讨论 + 分组调查 + 撰写调查报告
获取信息	要完成任务，需要掌握相关的知识。请收集资料，回答以下问题。 （1）家猫病的防治方法有哪些？ （2）家猫的常见传染病有哪些？ （3）家猫的常见寄生虫病有哪些？
制订计划	

（续表）

<table>
<tr><td rowspan="6">任务实施</td><td colspan="4">按照预先制订的工作计划，完成本任务，并记录任务实施过程。</td></tr>
<tr><td>序号</td><td>完成的任务</td><td>遇到的问题</td><td>解决办法</td></tr>
<tr><td></td><td></td><td></td><td></td></tr>
<tr><td></td><td></td><td></td><td></td></tr>
<tr><td></td><td></td><td></td><td></td></tr>
<tr><td></td><td></td><td></td><td></td></tr>
</table>

任务准备

一、知识准备

家猫常见病的防治。

1. 猫瘟热

（1）定义。猫瘟热也叫猫传染性肠炎或猫泛白细胞减少症，是一种高度接触性传染性病毒性疾病，对家猫危害颇大。其病原是一种脱氧核糖核酸病毒，能引起白细胞数目的减少，从而降低机体的抵抗力。主要是通过直接接触或间接接触而感染，病毒可通过家猫的尿液、粪便、唾液和呕吐物散播，污染食具、猫笼、垫料和周围环境而使其他家猫受到传染。

（2）诊断要点。该病潜伏期为 2~7 d。病初体温升高达 40 ℃左右，精神沉郁，食欲废绝，呕吐。然后出现下痢，粪便带血，腹部痉挛，家猫呈典型的腹部收缩姿势。

血液检查，白细胞总数明显减少，每毫升只有 1 000 左右。

（3）防治。防治可分为预防和治疗两方面。

①预防。严格执行卫生防疫制度，加强饲养管理，及时消毒猫舍、小屋、用具等；预防注射猫瘟热疫苗或联苗。

②治疗。本病无特效治疗药物，一般采取对症治疗，防止继发感染，缩短疗程。

美洛昔康，每次 1~2 mL，2~3 次 / 天。

复方氨替比林，肌注，每次 1~2 mL。

可大量投喂维生素 B 复合体和维生素 C。

2. 蛔虫病

（1）定义。蛔虫病是猫最常见的体内寄生虫病。蛔虫寄生在家猫的小肠。

（2）发育史。蛔虫在家猫肠道内产卵，卵随粪便排出体外。当外界温度、湿度等条件适宜时，卵内孵出幼虫，这种卵具有感染力。如果吃了具有感染力的幼虫卵，幼虫会在家猫的胃内孵化出来，然后进入胃壁、血管，通过门脉循环到达肝脏，再流回心脏，转到肺毛细血管，进入肺泡腔，沿细支气管上行，到达气管、喉头和咽部，在咽部被咽下至肠管内，在小肠发育为成虫。

（3）诊断要点。当有大量蛔虫感染家猫时，会引起胃肠功能紊乱，便秘和下痢交替发生，虫体充满腹部肠管时，会引起腹部膨大，发生小肠阻塞；虫体逆行至胆囊或胆管中，腹部剧烈疼痛，食欲废绝，黄疸；贫血。

（4）防治。防治包括预防和治疗两方面。

①预防。注意环境、食具、食物的清洁卫生；定期进行预防性驱虫；及时清除粪便，并进行发酵处理，防止粪便污染水源和食物。

②治疗。本病一般采取对症治疗，防止继发感染。

甲苯咪唑，22 mg/kg，内服，1 次 / 天，连用 3 d。该药有一定的副作用。

驱蛔灵，100 mg/kg，1 次内服，对成虫有效；200 mg/kg，1 次内服，则可驱除 1~2 周龄的家猫体内的未成熟蛔虫。

左咪唑，10 mg/kg，1 次内服。

丙硫咪唑，22 mg/kg，内服，1 次 / 天，连用 3 d。

伊维菌素，0.2~0.3 mg/kg，皮下注射或口服。

家猫病的防治基础和其他部分常见病

二、材料准备

（1）掌握家猫的常见传染病病症。

（2）掌握家猫的常见寄生虫病病症。

（3）准备病料的采集、诊断设备。

（4）准备好家猫的药品。

三、工具准备

电脑、采样设施设备、诊断检测设备和药品。

四、人员准备

人员分组，每组 6 人，明确职责分工。

任务筹划

一、内容

家猫病的防治基础；家猫的常见寄生虫病；家猫的给药方法；弓形虫病的调查宣传。

二、方法

掌握家猫病的防治基础；清楚家猫的常见寄生虫病；清楚家猫的给药方法；开展弓形虫病的调查宣传。

三、流程

第一步：掌握家猫病的防治基础。

第二步：清楚家猫的常见寄生虫病。
第三步：清楚家猫的给药方法。
第四步：开展弓形虫病的调查宣传。

任务实施

步骤一：
步骤二：
步骤三：
步骤四：
任务总结：

任务检测

请扫码答题

任务评价

工作任务完成过程评价表

班级：______ 组别：______ 姓名：______

项目	评分标准	自我评价	小组评价	教师评价
家猫常见病的防治（35 分）	掌握家猫的传染性疾病（10 分）			
	掌握家猫的寄生虫病（10 分）			
	掌握病料的采集与诊断方法（15 分）			
任务完成过程（40 分）	能够根据工作任务分析并制定工作思路（10 分）			
	查找资料、认真思考、积极动手动脑（10 分）			
	团队协作良好，交流顺畅，合作默契，互帮互助（10 分）			
	小组分工明确，通过小组讨论与再学习较好地完成任务（10 分）			

（续表）

<table>
<tr><th>项目</th><th>评分标准</th><th>自我评价</th><th>小组评价</th><th>教师评价</th></tr>
<tr><td rowspan="2">调查结果
（15分）</td><td>预防科学（5分）</td><td></td><td></td><td></td></tr>
<tr><td>药物使用安全有效（很好为10分；较好为7~9分；一般为3~6分；较差为0~2分）</td><td></td><td></td><td></td></tr>
<tr><td rowspan="2">思政素养
（10分）</td><td>通过家猫常见病的学习，让学生在生产中能够做好疾病的提前预防（5分）</td><td></td><td></td><td></td></tr>
<tr><td>要求学生树立“人病兽防”的科学理念，积极参与流浪猫的抓捕、绝育、放归活动（5分）</td><td></td><td></td><td></td></tr>
<tr><td colspan="2">合计（100分）</td><td></td><td></td><td></td></tr>
<tr><td>自我评价与总结</td><td colspan="4"></td></tr>
<tr><td>教师点评</td><td colspan="4"></td></tr>
</table>

项目五 珍禽养殖与疾病防治

项目导读

珍禽养殖市场巨大，前景十分广阔。由于国人的传统饮食观念和中医食疗的影响，珍禽野味被认为是一种较好的食材，其皮毛也是一种高档奢侈的工业原料，近年来，随着经济的发展，生活的改善，国内各地市场对野味的需求量日益剧增。对珍禽的消费需求量也越来越大，市场中的很多品种都供不应求，这些品种集多种功效于一身，可放心食用，做药材，观赏，加工成工艺品。同时，养殖珍禽品种的人也越来越多，大大地减少了国家保护动物被恶意捕杀的数量，从而保证了野生自然环境不被破坏，同时也带动了农业发展的多元化。不仅解决了农村剩余劳动力的问题，也增加了从业者的收入，为农业经济的发展和社会的发展作出了贡献。

知识目标

（1）了解我国珍禽养殖业的特点和珍禽饲养种类概况。
（2）熟知鸽子的繁殖技术。
（3）正确叙述肉鸽的生活习性。
（4）熟记肉鸽保健砂配方。
（5）准确叙述肉鸽的日常饲养管理要点。
（6）熟知不同阶段肉鸽饲养管理技术要点。
（7）正确叙述鸽子常见病的种类和发病特点。
（8）熟记禽白痢、禽霍乱的定义和临床特征。
（9）了解珍禽传染病的流行特点，制定其综合防治措施。
（10）了解珍禽常见的营养缺乏症，学会常见维生素缺乏症的诊治。

技能目标

（1）能够查阅、分析和整理珍禽品种的资料。

（2）独立操作完成鸽子的雌雄鉴别。

（3）独立操作完成肉鸽的捕捉技术。

（4）学会珍禽常见病的诊疗与预防技术。

素质目标

（1）培养学生分析和解决问题的能力，能够重视品种的保护，并能深刻理解“种子是农业的芯片”这一科学理念。

（2）遵守工作纪律，能恰当有效地利用时间，有效地实施计划，按时完成各项任务。

（3）主动承担工作任务及责任，尊重他人的意见，遵从集体决策，遵守各种行为规范和操作规范，并树立严谨求实的科学态度。

任务一　珍禽的品种

任务导入

珍禽指的是那些与普通家禽相比，更为稀有且珍贵的鸟类。随着经济的发展，生活的改善，国内各地市场对野味的需求量日益剧增。对珍禽的消费需求量变得越来越大，市场上很多珍禽的品种都供不应求，珍禽产业逐渐成为一个新兴的、具有广阔市场前景的产业。珍禽品种较多，不同珍禽品种的外貌形态、生活习性都是截然不同的。人们平时能见到的只是极少的一部分而已，但并不清楚它们的种类和生活习性。被广泛养殖的珍禽品种有很多，主要有乌骨鸡、鹌鹑、鸽子等。

任务工单

班级:______________ 姓名:______________ 学号:______________

<table>
<tr><td>任务名称</td><td colspan="4">珍禽的品种识别</td></tr>
<tr><td>任务描述</td><td colspan="4">根据实际情况，填写本任务的内容、目的、流程和方法。
任务内容：结合所学知识，了解珍禽的常见品种，帮助人们选择养殖的品种。
任务目的：了解我国珍禽养殖的特点；掌握珍禽常见品种的识别；着重识外貌特征和生产性能。
任务流程：收集资料并整理，让学生观察珍禽常见品种的图片，阅读鉴定材料，进行品种识别练习。
任务方法：提供珍禽品种的图片，让学生观察图片、阅读鉴定材料并进行品种识别练习。</td></tr>
<tr><td>获取信息</td><td colspan="4">要完成任务，需要掌握相关的知识。请收集资料，回答以下问题。
（1）叙述我国珍禽养殖特点。

（2）简述青海省珍禽养殖的情况。

（3）常见的珍禽品种有哪些?

（4）常见珍禽品种的主要特征有哪些?

（5）常见珍禽品种的主要生产性能有哪些?</td></tr>
<tr><td>制订计划</td><td colspan="4">（1）收集文字、图片等资料。
（2）整理资料。
（3）提供珍禽品种的图片，让学生观察。
（4）阅读材料，进行珍禽常见品种的识别训练。
（5）总结。</td></tr>
<tr><td rowspan="6">任务实施</td><td colspan="4">按照预先制订的工作计划，完成本任务，并记录任务实施过程。</td></tr>
<tr><td>序号</td><td>完成的任务</td><td>遇到的问题</td><td>解决办法</td></tr>
<tr><td></td><td></td><td></td><td></td></tr>
<tr><td></td><td></td><td></td><td></td></tr>
<tr><td></td><td></td><td></td><td></td></tr>
<tr><td></td><td></td><td></td><td></td></tr>
</table>

任务准备

一、知识准备

（一）珍禽常见品种的介绍

1. 乌骨鸡

乌骨鸡品种众多。其中，泰和乌骨鸡主要产于我国江西省泰和县，又称为绒毛鸡、竹丝鸡、松毛鸡、丛冠鸡等。泰和乌骨鸡是目前国际上公认的标准品种，其性情温驯，头小颈短，身体结构细致紧凑，外貌十分艳丽。它具备乌骨鸡的十大典型特征，即丛冠、缨头、绿耳、胡须、五爪、丝毛、毛脚、乌皮、乌骨、乌肉。成年泰和乌骨鸡适应性强，但幼雏抗逆性差，体质较弱。

成年雄鸡体重1.3~1.5 kg，成年雌鸡体重在1.0~1.3 kg。雄鸡性成熟平均日龄为150~160 d，雌鸡开产日龄平均为170~180 d。年产蛋量为80~100枚，最高可达130~150枚。雌鸡就巢性强，在自然条件下，每产10~12枚蛋便会就巢一次，每次就巢持续15~30 d，种蛋孵化期为21 d。在饲料条件较好的情况下，生长发育良好的个体，就巢次数会减少，且持续期也会缩短。

此外，乌骨鸡还有余干乌黑鸡、中国黑凤鸡等优良品种。

2. 贵妃鸡

贵妃鸡是一种鸟纲雉科的家禽，外貌奇特，长有胡须，遮盖在部分眼睑上，眼大而灵活，鼻孔外露而显眼，三冠、五趾、黑白花羽是其最典型的特征。贵妃鸡雌鸡头部的羽毛格外茂盛，形似欧洲贵妇人使用的羽毛帽，因此得名“贵妇鸡”，后因“贵妃”一词更加贴近中华民族传统文化，群众接受度更高，遂演变成“贵妃鸡”。贵妃鸡体型娇小玲珑，冠为羽毛凤冠，成年雄鸡更明显。冠体前有一独立的呈锥形小冠体，冠体为豆冠，冠体两侧为碗状发达的肉质体，延伸为“V”形肉质角状冠，色泽鲜红、细致，后侧形如圆球状的大朵黑白花片羽毛束。贵妇鸡能适应各种饲养方式，合群性好，不好争斗；肉质好，产蛋量高，食性广，饲料转化率高；生长快，90日龄上市活重达900~1 000 g，约耗料5~6 kg；具有家鸡的一切特性，耐粗、抗病力比家鸡强，对外界环境变化比家鸡敏感。

3. 珍珠鸡

珍珠鸡主要是指灰色珍珠鸡，其出壳时重约30 g，喙、脚均为红色，全身为棕褐色羽毛，背部有三条深色纵纹，腹部颜色较浅。成年珍珠鸡毛厚，全身羽毛为黑中带灰，布满大小如珍珠状的白点，因而被称为珍珠鸡。珍珠鸡头部清秀，头顶无冠，只有尖端向后的肉锥，色红。面部淡青带紫，脸颊下部两侧各长1个肉质心状的肉垂，喙大坚硬，喙端尖，喙根部有红色软骨性的小突起，喉部具有软骨性的肉瓣，呈三角形，色为淡青。颈细长，头至颈部有针状羽毛。雌、雄珍珠鸡羽毛颜色一样，但雌珍珠鸡动作较迟钝，肉垂较小，色淡无弹性，雄珍珠鸡动作较灵活，肉锥发达，有弹性，色鲜红。两者最明显的区别在于雌珍珠鸡肉垂小，色鲜红，雄珍珠鸡肉垂较发达且表面粗糙，颜色没有雌珍珠鸡鲜艳。此外，从鸣叫声也可判断出雌雄，通常雌珍珠鸡鸣叫声为双声，雄珍珠鸡鸣叫声为单声。新生雏珍珠鸡可用肛门鉴别出雌雄。

珍珠鸡生产性能较好，雌珍珠鸡自 28 周龄开产，1 个产蛋期可产蛋 90~120 枚，高产时可达 160 枚，可提供雏鸡 110 只左右。1 个饲养周期内每只种鸡耗料 40~44 kg。商品鸡最佳屠宰时间为 84~91 d，活重可达 1.5 kg 左右，料肉比为（2.7~3）：1，成活率可达 97%~98%。

4. 中国环颈雉鸡

中国环颈雉鸡体型较大，饱满，雄雉鸡头部眶上无白眉，白色颈环较细且不完全，在颈腹部有间断，胸部羽毛呈红褐色且比较鲜艳。雌雉鸡腹部羽毛呈灰白色，颜色较浅。成年雄雉鸡体重为 1.5~2.0 kg，成年雌雉鸡体重为 1.0~1.5 kg。中国环颈雉鸡产蛋性能较好，年产蛋量可达 70~120 枚，种蛋受精率为 85%，受精蛋孵化率为 86%，种蛋重 29~32 g。中国环颈雉鸡的生产性能高，繁殖力强，驯化程度高，野性小，目前普遍被商品雉鸡场养殖，但不适宜狩猎用。中国环颈雉鸡的缺点是肉质较粗糙，肉质风味不如河北亚种雉鸡。中国环颈雉鸡适应性强，其成年鸡能耐 40 ℃的高温和 –10 ℃的严寒，适合于我国大多数地区饲养。

5. 鹌鹑

鹌鹑形似雏鸡，初生体重仅有 6~12 g，成年蛋用型鹌鹑体重为 100~140 g，肉用型鹌鹑 200~250 g，雌鹌鹑体重大于雄鹌鹑，蛋重 8~16 g。鹌鹑头较小，喙细长；额头侧、额及喉到处均为砖红色，故称“红面鹌鹑”“赤喉鹌”。茶褐色是鹌鹑的基本羽色，其背面为赤褐色，并散布黄直条纹和暗色横纹，头部为黑褐色，中央有淡黄色直纹条，有的颈项内有一白圈。腹部的羽色不同，雄鸟是淡黄色，雌鸟呈白色。此外，鹌鹑尚有白羽（纯白和隐条白）、黑羽、银黄羽、红羽等羽色。鹌鹑尾巴较短，有尾羽 10~12 根，翼长 10 cm，可遮住尾巴，因而从外表看，鹌鹑好像没有尾巴，故又称“秃尾巴鹌鹑”。鹌鹑脚有 4 趾，1 趾在后，其余 3 趾向前。

6. 王鸽

王鸽是世界著名的鸽子品种。1890 年王鸽在美国育成，含有贺姆鸽、鸾鸽、马耳他鸽等血缘。王鸽的主要特点为，羽毛紧凑，胸深宽鼓圆，体躯宽广，尾羽略上翘，无脚毛，毛色有白、银灰、灰、红、蓝、黄、紫、黑等，但以白色和银灰色居多。王鸽又可分为白羽王鸽和银羽王鸽。

①白羽王鸽。白羽王鸽是最受欢迎的一种鸽子，全身羽毛洁白，颈部的白羽闪出微绿色的金属光泽，嘴呈肉红色；鼻瘤很小，眼大有神，眼皮呈双重粉红色，眼球呈深红色。白羽王鸽有两个品系：一是低产展览型品系，该系体型大而较短，尾向上翘，不宜作乳鸽生产用；另一个是肉用品系，该系体态丰满结实，体躯宽而不显粗短，腿直立而腿间距宽。成年鸽活重 700~850 g，年产 6~8 对乳鸽，25 d 龄乳鸽活重 500~750 g。

②银羽王鸽。银羽王鸽也有展览型和肉用型两个品系，两品系的区别也和白羽王鸽的区别相似。银羽王鸽的毛色为银灰带棕色，翅末有两条巧克力色黑带，腹部、尾部为浅灰红色；颈部为紫红而有金属光泽，鼻瘤为粉红色，眼环为橙色，银羽王鸽除具有白羽王

鸽的全部优点外，其性情更温顺，生活力更强。成年鸽体重在800~1 020 g的占多数，乳鸽体重也较大。美国的大型鸽场一般都养有银羽王鸽。

商用王鸽以白色为多数，其次为银色。其遗传性稳定，体型大。成年雄鸽体重为650~750 g，雌鸽为550~650 g，生产性能高，年产乳鸽6~7对。乳鸽生长快，2周龄平均体重为436 g，3周龄平均体重为622 g。鸽子的抗病能力强，发病率较其他品种的鸽子低40%~50%；饲料报酬高，由于产鸽体重适中，乳鸽生长速度快，使饲料成本降低。

我国珍禽养殖业的特点和常见品种介绍

二、材料准备

（一）调查青海省珍禽养殖业的基本情况

对青海省珍禽养殖业的情况进行调查，包括规模、养殖情况、养殖品种等。

（二）收集常见珍禽品种的相关资料

主要包括珍禽主要品种的文字、图片及视频资料。

三、人员准备

人员分组，每组5人，明确职责分工。

任务角色	任务内容
组长：	任务：
组员1：	任务：
组员2：	任务：
组员3：	任务：
组员4：	任务：

任务筹划

一、内容

明确要调查的项目，确定要重点调查的品种、品种特性、市场价格和市场占有率等。

二、方法

认真思考如何才能获取更有价值的信息，通过哪些渠道获取信息资料，并对这些资料进行加工编撰，形成可供选择的方案。

三、流程

第一步：了解我国珍禽养殖业的特点。
第二步：调查青海省珍禽养殖业的基本情况。
第三步：调查常见珍禽品种的情况。
第四步：根据收集的情况，进行品种识别练习。

任务实施

步骤一：
步骤二：
步骤三：
步骤四：
任务总结：

任务检测

请扫码答题

任务评价

工作任务完成过程评价表

班级：______________ 组别：______________ 姓名：______________

项目	评分标准	自我评价	小组评价	教师评价
理论知识（30分）	了解珍禽的经济价值及养殖意义（10分）			
	理解珍禽的定义及主要品种（10分）			
	掌握珍禽常见品种的特点（10分）			

（续表）

项目	评分标准	自我评价	小组评价	教师评价
实操技能（50分）	能够识别珍禽的常见品种（10分）			
	操作态度是否积极主动，是否服从安排（10分）			
	对于信息的整合和分析（10分）			
	准确识别珍禽的常见品种（10分）			
	能够描述常见品种的典型外貌（10分）			
思政素养（20分）	能从全局上筹划相关事项或行动的具体安排（10分）			
	能感受到我国珍禽资源的丰富多样性，增强民族自豪感（10分）			
合计（100分）				
自我评价与总结				
教师点评				

任务二　鸽子的繁殖

任务导入

鸽子作为一种常见的家养鸟类，一直以来都备受人们的喜爱。它们既可作为观赏鸟类，又可以作为比赛鸽参与鸽类比赛。繁殖是鸽子养殖过程中非常关键的一个环节，合理的繁殖管理技术可以促进鸽子的繁殖，从而繁殖出更多、更健康的幼鸽。本任务主要介绍鸽子的经济价值与养殖意义、鸽子的繁殖规律、鸽子的孵化及鸽子的雌雄鉴别等内容。

任务工单

工作任务完成过程评价表

班级:____________ 姓名:____________ 学号:____________

任务名称	鸽子的繁殖
任务描述	根据实际情况，填写本任务的内容、目的、流程和方法。 任务内容：鸽子的经济价值及养殖意义；鸽子的繁殖规律；鸽子的孵化技术要点；鸽子的雌雄鉴别方法。 任务目的：理解鸽子的经济价值及养殖意义；理解鸽子的繁殖规律；熟记鸽子的孵化技术要点；掌握鸽子的雌雄鉴别方法。 任务流程：收集资料并整理，认识和掌握鸽子的繁殖规律；熟记鸽子的孵化技术要点；掌握鸽子的雌雄鉴别方法。 任务方法：收集资料并整理；认识和掌握鸽子的繁殖规律；掌握鸽子的雌雄鉴别方法；进行鸽子的雌雄鉴别练习。
获取信息	要完成任务，需要掌握相关的知识。请收集资料，回答以下问题。 （1）简述鸽子的经济价值及养殖意义。 （2）说明鸽子的繁殖规律。 （3）鸽子的配对方法有哪些? （4）鸽子的孵化技术要点有什么? （5）简述鸽子的雌雄鉴别方法。
制订计划	（1）收集资料。 （2）整理资料。 （3）材料准备。 （4）进行相关知识点的巩固训练。 （5）总结。

（续表）

<table>
<tr><td rowspan="6">任务实施</td><td colspan="4">按照预先制订的工作计划，完成本任务，并记录任务实施过程。</td></tr>
<tr><td>序号</td><td>完成的任务</td><td>遇到的问题</td><td>解决办法</td></tr>
<tr><td></td><td></td><td></td><td></td></tr>
<tr><td></td><td></td><td></td><td></td></tr>
<tr><td></td><td></td><td></td><td></td></tr>
<tr><td></td><td></td><td></td><td></td></tr>
</table>

任务准备

一、知识准备

鸽子的繁殖

1. 鸽子的繁殖特点

各品种的鸽子平均 5 月龄开始产蛋。一般幼鸽生长到 6 月龄时可以配对繁殖。种鸽的繁殖年限比鸡、鸭等家禽长。鸽子的繁殖年限一般为 4~5 年，其中 2~3 岁是鸽子繁殖能力旺盛的时期。5 岁以上的种鸽繁殖性能开始减退，但个别鸽子养到 10 岁仍能保持较好的繁殖性能。雄鸽的繁殖能力比雌鸽强，繁殖年限也较长。

2. 配对

鸽子饲养 6~7 月龄时，性器官及身体的各种机能已经健全，可以配对繁殖。鸽子的配对方法通常有两种，一种是自然配对，一种是人工配对。前者是让成群的鸽子各自寻找对象，两两配成对；后者是用人为的方法，将鸽子配成对。人工配对适用于各种形式的鸽场，特别是笼养肉鸽场。

3. 筑巢产蛋

种鸽配成对后，会到处寻找材料筑巢，这时须及时用稻草等材料编成圆形巢窝，供其产蛋孵化。通常 10 d 左右便开始产蛋，每窝产蛋两枚。一般产下第一枚蛋后，隔 1~2 d 会产下第二枚蛋，种鸽产下第二枚蛋后开始孵化。有一些初产鸽产下第一枚蛋后，便开始孵化，以后会多次产蛋，这种现象便消失了。

4. 鸽子的孵化

鸽子的孵化可分为自然孵化和人工孵化。

（1）自然孵化。雌雄鸽轮流抱窝，一般雄鸽会在每天上午 9 点左右进巢替换雌鸽出来采食、饮水，然后下午 4 点左右由雌鸽接替孵蛋。孵化期一般为 18 d。孵化过程中，要注意查蛋，发现破损蛋捡出；要进行照蛋，饲养管理人员分别在孵化的第 5 d 和第 10 d 各照蛋 1 次。第一次照蛋，凡蛋内有红色网状血管的，是受精蛋，继续孵化；若蛋内透明又无血管的，是无精蛋，要剔除。第二次照蛋，凡蛋内一端乌黑，固定不动，气室增大，说明蛋胚胎发育正常；若蛋内有水状液体流动，壳呈灰色，则为死胚蛋。

将无精蛋和死胚蛋取出后，按每两枚蛋合并成 1 窝的原则，将剩下的蛋并到孵化期相同或相差 1 d 的其他窝内，使无孵化任务的种鸽早日产下一窝蛋。

孵化到第 17 d 可看到啄壳现象，在蛋壳的中部有碎壳突起，将蛋放到耳边，可以听到间断的啄壳声。蛋内雏鸽转动身体向蛋的钝端啄击，将蛋壳啄成一环状，然后脱壳而出。若雏鸽出壳有困难，需要人工帮助出壳，要轻轻除去钝端蛋壳及壳膜少许，如见到雏鸽已干，则可继续除去钝端 1/3 的蛋壳，将雏鸽的头部拉出，雏鸽身体仍放回原处，让其慢慢出壳。

（2）人工孵化。为了提高鸽子的生产效益，增加繁殖窝数和被亲鸽遗弃的种蛋及因亲鸽不善或不能完成孵蛋时，都可进行人工孵化（当然在条件不具备的情况下，也可采用“代孵鸽”来代替亲鸽孵蛋）。采用人工孵化的方法，还可避免鸽子孵化时压破种蛋，防止鸽粪污染，减少蛋胚中途死亡等不利因素，提高孵化率和出雏率。同时由于亲鸽不需担负孵蛋和育雏的繁重任务，因而可大大缩短种鸽的产蛋周期并提高产蛋率。

鸽的经济价值和雌雄鉴别方法

人工孵化可采用小型平面孵化机。在孵化的前 3 d，孵化温度可控制在 39.5~39.7 ℃，以后温度控制在 39.0~39.5 ℃，相对湿度为 60%~65%，后期湿度可调高至 70%~75%。第一次照蛋在第 5 d，取出无精蛋和死胚蛋；第二次照蛋在第 10 d，取出死胚蛋。在入孵当天应翻蛋两次，以后每天翻蛋 6 次，一直到出壳前 2 d 停止翻蛋。第 16 d 转到出雏器内，第 17~18 d 开始出壳。孵化过程的日常管理和鸡的基本相同。

二、材料准备

（一）收集鸽子繁殖规律的相关资料

（1）鸽子的性成熟期、初配年龄、种用年限的相关资料。

（2）鸽子的雌雄鉴别方法的资料。

（二）工具（材料）准备

雌雄成鸽各一对、成鸽肛门外观图片、成鸽鉴定资料单。

三、人员准备

人员分组，每组 5 人，明确职责分工。

任务角色	任务内容
组长：	任务：
组员 1：	任务：
组员 2：	任务：
组员 3：	任务：
组员 4：	任务：

任务筹划

一、内容

明确要调查的项目，明确鸽子的雌雄鉴别的具体操作流程及需要的工具材料，并对本任务内容做出科学评价。

二、方法

认真思考如何快速获取相关信息，统筹需要收集的材料，进行鸽子的雌雄鉴别练习。

三、流程

第一步：了解鸽子的繁殖规律。

第二步：查找相关资料理解鸽子的繁殖规律，熟记鸽子的性成熟期、初配年龄、种用年限、孵化期等。

第三步：学习每个项目操作的具体技术要领。

第四步：依据具体方法，对鸽子的雌雄进行鉴别练习。

第五步：任务总结。

任务实施

步骤一：

步骤二：

步骤三：

步骤四：

任务总结：

任务检测

请扫码答题

任务评价

工作任务完成过程评价表

班级:____________ 组别:____________ 姓名:____________

项目	评分标准	自我评价	小组评价	教师评价
理论知识（30分）	理解鸽子的经济价值及养殖意义（10分）			
	理解鸽子的繁殖特点（10分）			
	掌握鸽子的孵化技术要点（10分）			
实操技能（50分）	相关信息的收集及整合（10分）			
	能够进行鸽子的人工配对（10分）			
	能够进行鸽子的雌雄鉴别练习（10分）			
	操作态度是否积极主动，是否服从安排（10分）			
	能够制订鸽子的孵化方案（10分）			
思政素养（20分）	能从全局上筹划相关事项或行动的具体安排（10分）			
	引导学生认识到实事求是、科学严谨的态度的重要性（10分）			
合计（100分）				
自我评价与总结				
教师点评				

任务三　肉鸽的饲养管理

任务导入

肉鸽是人们经过长期选育而形成的品种。由于它体型大，又不善飞翔，人们饲养它是以吃肉为目的，因此，被称为"肉鸽"。肉鸽的体型大、营养丰富，是高级滋补营养品。肉质细嫩味美，为肉类食品之首。因此，鸽肉是高蛋白、低脂肪的理想食品。肉鸽有很好的药用价值，其骨、肉均可入药，能调心、养血、补气，具有预防疾病、消除疲劳、增进食欲的功效。肉鸽适应性强、养殖成本低，这也是它受养殖户和消费者青睐的原因。正确的养殖与管理是确保肉鸽健康生长和高产的关键。对于想养肉鸽的人来说，要想创造良好的经济效益，首先要掌握过硬的养殖技术。

任务工单

工作任务完成过程评价表

班级：＿＿＿＿＿＿＿＿＿＿　姓名：＿＿＿＿＿＿＿＿＿＿　学号：＿＿＿＿＿＿＿＿＿＿

任务名称	肉鸽的饲养管理
任务描述	根据实际情况，填写本任务的内容、目的、流程和方法。 任务内容：肉鸽的生活习性；肉鸽的饲料种类、饲养标准；肉鸽的一般饲养管理原则及不同阶段的饲养管理要点；肉鸽捕捉术和年龄鉴别。 任务目的：了解肉鸽的生活习性；掌握肉鸽的饲料种类、饲养标准；正确叙述肉鸽的一般饲养管理原则及不同阶段的饲养管理要点；掌握肉鸽捕捉术和年龄鉴别。 任务流程：收集资料并整理，让学生学会相关项目知识点的掌握和巩固；学会肉鸽捕捉术和年龄鉴别方法，然后进行肉鸽捕捉术和年龄鉴别练习。 任务方法：通过资料的收集和整理，让学生学会相关项目的知识点；学会肉鸽捕捉术和年龄鉴别方法，再进行肉鸽捕捉术和年龄鉴别练习。
获取信息	要完成任务，需要掌握相关的知识。请收集资料，回答以下问题。 （1）叙述肉鸽的生活习性。 （2）简述肉鸽的饲料种类和饲养标准。

（续表）

<table>
<tr><td></td><td colspan="4">（3）简述肉鸽的一般饲养管理原则及不同阶段的饲养管理要点。

（4）简述肉鸽捕捉术和年龄鉴别的方法。</td></tr>
<tr><td>制订计划</td><td colspan="4">（1）收集资料。
（2）整理资料。
（3）材料准备。
（4）设计并绘制珍禽养殖场的规划图。
（5）总结。</td></tr>
<tr><td rowspan="6">任务实施</td><td colspan="4">按照预先制订的工作计划，完成本任务，并记录任务实施过程。</td></tr>
<tr><td>序号</td><td>完成的任务</td><td>遇到的问题</td><td>解决办法</td></tr>
<tr><td></td><td></td><td></td><td></td></tr>
<tr><td></td><td></td><td></td><td></td></tr>
<tr><td></td><td></td><td></td><td></td></tr>
<tr><td></td><td></td><td></td><td></td></tr>
</table>

任务准备

一、知识准备

（一）肉鸽日常饲养管理技术要点

1. 饲养方式

童鸽（1~2 月龄）和青年鸽（3~6 月龄）以群养为主，既能满足喜欢群栖的习性，又能使肉鸽经常运动并见到阳光。种鸽（6 月龄以上）以笼养为宜，笼养具有以下优点。

（1）笼养鸽繁殖率高，种鸽交配不受其他鸽的干扰，蛋的受精率高。

（2）笼内安静，哺育后代的成活率比群养鸽提高 20% 左右。

（3）笼养鸽便于观察、记录、检查和管理。

（4）笼养鸽发病率较低，交叉感染机会变少，而且便于及时治疗。

2. 饲喂方式

肉鸽一般采用定时定量分餐的饲喂方式。其优点如下。

（1）便于观察肉鸽的食欲。

（2）建立喂食信号，形成条件反射。

（3）有利于建立人鸽之间的亲和关系。1~6 月龄鸽每天喂 2 次，种鸽每天喂 2~3 次，哺乳期产鸽适当补饲。每天投喂保健砂 1 次。

3. 整日供给饮水

供给充足卫生的饮水，是肉鸽生长、发育和生产的前提条件。根据肉鸽的健康状况，可在饮水中一次加入一种保健药物。

4. 适时水浴

根据季节和气候的不同灵活掌握，夏季每天水浴 1 次，冬季每周 1 次，每次水浴半小时，宜安排在中午。

5. 观察鸽群

每天要仔细观察鸽群，及时查蛋、照蛋和并窝。

6. 定期消毒

鸽舍、运动场要天天打扫、清洗，并定期消毒。同时，做好记录是改善管理、选种选配的基础，要认真对待。

（二）肉鸽不同阶段的饲养管理

1. 乳鸽的饲养管理

（1）乳鸽的人工哺育。人工哺育乳鸽，对提高种鸽的繁殖率起到重要的作用。与亲鸽哺育比较，它可以减少亲鸽哺育的生理负担，提早 10~20 d 产下一窝蛋，依不同的品种，乳鸽增重率会提高 3.5%~8.8%。近年来，人工哺育乳鸽还处于试验阶段，人们根据自然鸽乳的营养成分来研制人工鸽乳，但所调配的人工鸽乳仅限于喂活 8 d 龄以上的乳鸽，而 8 d 龄以下的乳鸽很难养活。这就说明了自然鸽乳中还有一些重要的因子尚未被人们所了解。所以，出壳的乳鸽由亲鸽或保姆鸽喂养至 8~12 d 龄时才进行人工哺育。保姆鸽可由同品种的亲鸽担任，信鸽也可以。一般每对良种鸽（纯种）配 3~5 对保姆鸽，以保证双方乳鸽在同一天或相差一天出壳，出壳时间越相近，并仔的效果就越好。

广东省家禽研究所研制的乳鸽饲料配方为：玉米 40%，小麦 20%，麸皮 10%，豌豆 20%，奶粉 5%，酵母粉 5%。除此之外，还要在饲料中加入适量的蛋氨酸、赖氨酸、多种维生素和矿物质等。哺喂时，用开水［料水比为 1：（2~3）］调成糊状，也可煮熟，然后用注射器经食道注入乳鸽嗉囊内，每天喂 2~3 次。在人工哺育过程中应该注意一些问题：每次不能喂得太多；不能将饲料注入气管内，以防窒息而亡；不能拥挤，环境要保持安静和干燥；提供适宜的温度，尤其冬天要注意保暖。

（2）乳鸽的填肥。乳鸽的填肥可从以下几方面考虑。

①填肥的对象。一般选择 15~17 日龄、体型较大、肌肉丰满、羽毛整齐光亮、体重在 350 g 以上、健康无伤残的乳鸽作为填肥对象。体弱瘦小、羽毛粗糙和皮肉赤黑者不宜作为填肥的对象。填肥对象选好后便置于填肥床。填肥场所要宁静，干燥，通风良好，温度适宜，并能防止鼠害。

②填肥设备。填肥设备包括填肥床、填肥器、漏斗、滴管、浸料盘和拌料桶。

③填肥饲料。常用玉米、糙米、小麦和豆类作为填肥饲料，可以适当添加食盐、禽

用复合维生素、矿物质（包括微量元素）和健胃药。能量饲料占75%~80%，豆类占20%~25%。为了利于乳鸽的消化吸收，通常将颗粒大的饲料粉碎成小颗粒并浸泡4~8 h，使之软化后才填喂。

④填肥方法。填肥一般在填肥床上进行。每只乳鸽每次填料50~100 g（料水各一半），每天填喂2~3次。填肥处要求安全、宁静、温暖，通风良好，光线不要过强。乳鸽数量少的采用手工填肥，多者便采用填肥器填肥。

第一，填肥器填肥。把料和水按1：1的比例称取拌匀，浸泡软化后一同放入填肥器的盛料漏斗内，左手提乳鸽，右手将乳鸽嘴掰开并按到填肥器的出料口，右脚踩动开关，饲料和水就一齐注入乳鸽嗉囊内，每踩动开关1次就填喂1只乳鸽，每小时可以填喂300~500只。填喂时要防止损伤乳鸽的口腔和舌头。

第二，手工填肥。用手将软化了的颗粒料慢慢填入乳鸽的嗉囊内，然后用脱掉针头的玻璃注射器吸清水，对准鸽子的口腔把水注入。要防止误把水注入乳鸽的气管中。

2. 童鸽的饲养管理

童鸽是留种用的，一般指30日龄离开亲鸽并开始独立生活的幼鸽。

（1）留种的条件。留种的童鸽，其双亲的成年体重是有标准的，雄鸽在750 g以上，雌鸽为600~700 g。种蛋品质优良，年产乳鸽6对以上，童鸽本身3~4周龄时空腹体重在600 g以上，生长发育良好，并具有本品种特征。入选后应套上脚环和引进系谱记录，然后转到童鸽舍饲养。

（2）提供良好的饲养环境条件。童鸽由亲鸽笼内哺育转群居饲养，生活环境变化很大，适应能力和抗病能力较差，食欲低，易患病。这时候应把童鸽以每群20~30对放到育种床上饲养10~15 d，然后再转到铺有铁丝网（竹垫和木板也可）的地面上平养，每群50对左右。网上平养还能减少童鸽与粪便接触的可能性，从而减少疾病传播和发生的机会。舍外要围大于鸽舍面积2倍以上的运动场和飞翔空间，并设合适的栖架。运动场要阳光充足，舍内冬暖夏凉。刚离亲的童鸽要注意保暖。雨天要将童鸽赶入舍内，避免雨水淋湿羽毛引起感冒。运动场潮湿时也不要放童鸽出来。童鸽饲养密度应以每平方米3对为宜。

（3）换羽期童鸽的管理。50~60 d龄的童鸽就开始换羽，第一根主翼羽首先脱落，往后每隔15~20 d又换第二根，与此同时，副主翼羽和其他部位的羽毛也先后脱落更新。此时更要注意饲料的质量，以促进其羽毛换新。

换羽期的童鸽生理变化较大，对外界环境条件的影响较敏感，抗病力较差，易受沙门氏菌、球虫等感染，并常感冒和咳嗽。若环境条件很差，还易感染毛滴虫病和念珠菌病等。在整个饲养期内，50~80日龄的童鸽发病率和死亡率是最高的。所以，这个时期除了精心管理，还要选择有效的药物交替使用，做好鸽群疾病的防治。这是保证童鸽正常生长发育和提高成活率的关键所在。

3. 青年鸽的饲养管理

青年鸽是从童鸽后至6月龄的肉鸽，其生长发育具有自身的特点，因此，必须进行精心的饲养管理，以培养品质优良的种鸽。

（1）青年鸽的特点。青年鸽具有以下几个特点。

①青年鸽生长快，而且是骨骼发育的主要阶段。

②青年鸽的消化机能逐渐发育完善，逐步适应了坚实的籽实饲料。

③由于环境和饲养条件的变化，受到的应激现象又较多，其适应性较差。因此，良好的护理是养好青年鸽的关键。

（2）青年鸽的饲养管理要点。经过危险期（50~80 d 龄）后，青年鸽进入稳定的生长期，此时其适应性强，新陈代谢相对较快，应限制饲养，防止采食过多和体质过肥，有条件的应将雌雄分开饲养，防止早熟、早配、早产等现象的发生。

①青年鸽的饲粮与饲喂。日粮组成为：豆类饲料占 20%，能量饲料占 80%。每天喂两次，每只每天喂料量 35 g。5~6 月龄的青年鸽生长发育已趋成熟，主翼羽脱换 7~8 根，日粮调整为：豆类饲料占 25%~30%，能量饲料为 70%~75%。每天喂 2 次，每只每天喂 40 g，这样青年鸽开产时间较整齐。此外，青年鸽对发霉饲料相当敏感，易发生胃肠炎。因此，选择易消化和便于采食的饲料以提高其消化机能，防止消化不良和嗉囊积食的发生是极其重要的。

②设洗浴池。青年鸽好动喜飞，喜欢洗浴。青年鸽舍应设有水浴池、沙浴池。青年鸽经常洗浴，有利于皮肤和羽毛的卫生，减少体外寄生虫，增进健康。

③防止近亲配对和早配。为防止同窝配对、近亲繁殖，应将其分开放入不同的青年鸽舍分开饲养，佩戴脚环进行区别。早熟的青年鸽 3 月龄便开始发情，应将优良的雌雄鸽分开进行饲养，防止早配。当青年鸽的 10 根主翼羽更换完毕就可配成对，开始转入繁殖鸽舍进行繁殖。

④驱虫和选优去劣。3~4 月龄时进行一次驱虫和选优去劣工作；6 月龄时，同时进行驱虫、选优和配对上笼等工作，减少对青年鸽的应激。每群青年鸽可以增加到 100 对。

4. 种鸽的饲养管理

青年鸽长至 5~7 月龄，开始配对繁殖的鸽称为种鸽或繁殖鸽。配成对进入产蛋和孵育鸽的种鸽称为亲鸽。国外有人将已配对投产的种鸽称为生产鸽或产鸽。

种鸽在整个生产周期的各个时期具有不同的特点，因此其饲养管理技术也有所不同。

（1）配对期的饲养管理。配对期的饲养管理可从以下几方面考虑。

①人工辅助配对。人工辅助配对即按人们的意志选择的配偶进行配对。

②认巢训练。临产前筑巢做窝是种鸽的天性。为让种鸽按人们的要求在指定的地方产蛋，在此处放一个巢盆，并在巢盆内放一个假蛋，当它愿意在盆内孵化时，将真蛋放进，换出假蛋孵化。笼养种鸽的训练过程比较简单，因活动地方小，一般都会跳上挂在半空的巢盆里产蛋。

新配对的种鸽，进入群养鸽舍后很快就会找到合适巢房并且固定下来。对于几天还找不到的配对鸽，可将其关在预定巢房内，吃食饮水时放出来，过 3~4 d 就会熟悉巢房，并固定下来。

③重选配对。在三种情况下，鸽子需要重新选择配偶，一是配对时双方合不来，二是丧失配偶，三是育种需要拆偶后重配。重配的方法可按人工辅助配对法进行。对丧偶或拆

偶的种鸽重新配对需要较长时间。对于拆偶鸽，应将原雌鸽、原雄鸽彻底隔开。

（2）孵化期的饲养管理。配对的种鸽，熟悉自己的笼和巢房后，就开始产蛋，这段时期的饲养管理，应做好以下工作。

①准备好巢盆和垫料。种鸽一经配对，就应在笼里或群养鸽舍的适当地方放上巢盆，诱导其产蛋。雌鸽开始有伏巢含草表现时，应立即给巢盆，并加垫料保温。

②细致观察。及时记下各笼产蛋、出壳日期，进行登记编号。如发现种鸽有病，应及时治疗。

③布置安静的孵化环境。布置安静的孵化环境对初产鸽尤为重要。应采取措施挡住视线，减少干扰，使之专心孵蛋。群养青年鸽不愿孵化的，可把它们关在巢房内，强制它们专心孵蛋。

④定期检查。要定期检查孵蛋、受精、胚胎发育情况，及时剔除无精蛋、死胎蛋，并进行引蛋，使没有蛋孵的种鸽尽早交配产蛋。

⑤助产。孵化至 17~18 d 时，发现啄壳已久而仍未出壳的情况，可以用人工助产的方式，以防雏鸽被闷死。

（3）哺育期的饲养管理。详见乳鸽饲养管理。

（4）换羽期的饲养管理。种鸽一般每年夏末秋初换羽一次，部分种鸽在春天也会换羽，或受到突然的应激也会换羽。自然换羽时间可长达两个月。在换羽期间，除高产鸽外，其余种鸽普遍停产。换羽期间在管理上应重点注意以下两方面工作。

①强制换羽。种鸽因个体差异，换羽的快慢、早迟不一。为了避免发情早者在鸽群中乱找配偶，引起鸽群混乱，可采取强制换羽措施。目前，虽然种鸽的强制换羽尚没有成熟方案，但可参照鸡的强制换羽方法，其做法是：降低饲料质量，把蛋白饲料比例降至 10%~12%，同时减少喂量和次数，甚至停料 1~2 d（只给饮水），促使鸽群在比较一致的时间内迅速换羽。待整群鸽换羽完毕，再逐步增加日粮中蛋白质饲料和火麻仁的比例，促进其早日产蛋。

②整顿鸽群。换羽期是重新调整和整顿鸽群配对的最佳时期。在这段时间内，可以进行选种、驱虫、免疫接种、舍内外和笼具的消毒工作。

肉鸽的饲养

二、材料准备

（一）收集珍禽饲养管理相关资料

相关资料主要包括肉鸽的生活习性；肉鸽的饲料种类、饲养标准；肉鸽的一般饲养管理原则；珍禽不同阶段的饲养管理要点；肉鸽捕捉术和年龄鉴别。

（二）工具（材料）准备

童鸽、青年鸽、种鸽、鉴定资料单和捕捉罩等。

三、人员准备

人员分组，每组 5 人，明确职责分工。

任务角色	任务内容
组长：	任务：
组员 1：	任务：
组员 2：	任务：
组员 3：	任务：
组员 4：	任务：

任务筹划

一、内容

明确要调查的项目并收集相关资料，明确肉鸽捕捉术和年龄鉴别的具体操作流程及需要的工具材料，并对本任务内容做出科学评价。

二、方法

认真思考如何快速获取相关信息，统筹需要的材料和用具，进行规范操作并撰写报告。

三、流程

第一步：了解肉鸽的生物学特性。
第二步：查找相关资料，掌握肉鸽饲料种类、饲养标准及一般饲养管理原则。
第三步：查找相关资料，掌握肉鸽不同阶段的饲养管理。
第四步：学习每个项目操作的具体技术要领。
第五步：依据要求，对肉鸽捕捉术和年龄鉴别方法进行练习。
第六步：任务总结。

任务实施

步骤一：
步骤二：
步骤三：

步骤四：

任务总结：

任务检测

请扫码答题

任务评价

工作任务完成过程评价表

班级：________ 组别：________ 姓名：________

项目	评分标准	自我评价	小组评价	教师评价
理论知识（30分）	了解和认识肉鸽的生活习性、常见饲料种类及饲养标准（10分）			
	掌握肉鸽的一般饲养管理原则（10分）			
	掌握肉鸽不同阶段的饲养管理（10分）			
实操技能（50分）	对于信息的整合和分析（10分）			
	操作态度是否积极主动，是否服从安排（10分）			
	能够配制保健砂（10分）			
	能够正确掌握肉鸽捕捉术（10分）			
	能够正确掌握肉鸽的年龄鉴别方法（10分）			
思政素养（20分）	能从全局上筹划相关事项或行动的具体安排（10分）			
	能够细致认真地分析资料（10分）			
合计（100分）				
自我评价与总结				
教师点评				

任务四　珍禽的疾病防治

任务导入

虽然许多珍禽是由野生驯化而来的，人工饲养的历史较短，但它们对疾病有较强的抵抗力。在人工驯养的条件下，珍禽作为人工养殖的动物，和家禽一样，会发生各种疾病。疾病种类包括传染病、寄生虫病和普通病，其中传染病一旦蔓延，会对珍禽养殖造成毁灭性的打击。在集中饲养的条件下，营养代谢病成为制约珍禽养殖的重要疾病因素，严重影响其生长发育和经济效益。及时了解和采取有效的措施对于保护珍禽的健康至关重要。

任务工单

班级：____________________　姓名：____________________　学号：____________________

任务名称	珍禽的疾病防治
任务描述	根据实际情况，填写本任务的内容、目的、流程和方法。 任务内容：珍禽的常见疾病种类；珍禽的常见疾病预防措施；珍禽常见疾病的诊断及防治。 任务目的：认识和掌握珍禽的常见疾病种类；掌握珍禽的常见疾病预防措施；认识和掌握珍禽常见疾病的诊断及防治。 任务流程：查找并收集相关资料，依据要求进行相应知识点的巩固练习。 任务方法：收集资料并整理，让学生认识和掌握珍禽的常见疾病定义、诊断及防治；依据要求进行相应知识点的巩固练习
获取信息	要完成任务，需要掌握相关的知识。请收集资料，回答以下问题。 （1）叙述珍禽疾病产生的原因及常见疾病的种类。 （2）珍禽的疾病预防措施有哪些？ （3）简述珍禽常见疾病的定义和临床特征。 （4）珍禽的常见疾病诊断及防治方法有哪些？

（续表）

<table>
<tr><td>制订计划</td><td colspan="4">（1）收集资料。
（2）整理资料。
（3）学习每个项目操作的具体技术要领。
（4）依据要求，进行相应知识点的巩固练习。
（5）总结。</td></tr>
<tr><td rowspan="6">任务实施</td><td colspan="4">按照预先制订的工作计划，完成本任务，并记录任务实施过程。</td></tr>
<tr><td>序号</td><td>完成的任务</td><td>遇到的问题</td><td>解决办法</td></tr>
<tr><td></td><td></td><td></td><td></td></tr>
<tr><td></td><td></td><td></td><td></td></tr>
<tr><td></td><td></td><td></td><td></td></tr>
<tr><td></td><td></td><td></td><td></td></tr>
</table>

任务准备

一、知识准备

珍禽常发的传染病主要有禽流感、新城疫、禽白痢、球虫病等。

（一）禽流感

禽流感是由禽流感病毒引起的一种禽类传染病。

1. 病原

禽流感病毒（AIV）属于正粘病毒科甲型流感病毒属。其基因组为分节段的单股负链 RNA，根据病毒表面的血凝素（HA）和神经氨酸酶（NA）蛋白的不同，可分为多种亚型，目前已发现 18 种 HA 亚型和 11 种 NA 亚型。

2. 症状

（1）低致病性禽流感（LPAI）。在禽类中，低致病性禽流感的症状相对较轻。病禽可能出现轻微的呼吸道症状，如咳嗽、打喷嚏、呼噜声等，同时伴有精神沉郁、食欲减退、产蛋量下降等情况。有些病禽可能出现眼部炎症，如眼睑肿胀、流泪等。一般来说，低致病性禽流感的死亡率较低，但如果并发其他疾病或受到严重应激，也可能导致较高的死亡率。

（2）高致病性禽流感（HPAI）。高致病性禽流感的症状较为严重且发展迅速。病禽常表现为突然发病，体温升高，可达 43 ℃以上。精神极度萎靡，羽毛松乱，鸡冠和肉垂发绀、肿胀、坏死。病禽出现严重的呼吸道症状，呼吸困难，甚至张口呼吸，伴有咳嗽和怪叫声。同时，还会出现严重的腹泻，粪便呈黄绿色。高致病性禽流感的死亡率极高，在短时间内可导致大量禽类死亡。

3. 传播途径

主要经呼吸道、消化道传播，也可通过直接接触感染的鸟类或被污染的环境传播。候鸟的迁徙在禽流感的传播中可能起到重要的传播作用。

4. 治疗方法

高致病性禽流感一旦确诊，应立即扑杀销毁病鸟，防止疫情扩散。对于低致病性禽流感，可在发病初期使用抗病毒药物，如奥司他韦等，但需要在兽医指导下使用。同时，要做好病鸟的隔离、加强饲养管理，提高鸟舍温度、湿度等环境条件的控制，保证营养供给，增强鸟的抵抗力。

（1）高致病性禽流感。一旦确诊为高致病性禽流感，按照国家相关规定，必须立即对病禽进行扑杀和无害化处理（如焚烧或深埋），严禁治疗，以防止病毒的传播扩散。

（2）低致病性禽流感。在发病初期，可以在兽医的指导下谨慎使用抗病毒药物，如奥司他韦等神经氨酸酶抑制剂。这些药物可以抑制禽流感病毒的复制，但使用时要严格控制剂量和疗程。

（3）对症治疗。如果禽出现呼吸道症状，如咳嗽、呼吸困难等，可以使用止咳平喘药物，如氨茶碱等，按照适当的剂量添加到饮水中进行治疗。

5. 预防措施

（1）疫苗接种。疫苗类型：目前有多种禽流感疫苗可供使用，如禽流感灭活疫苗（包括H5亚型、H7亚型以及H5+H7亚型等）。这些灭活疫苗具有安全性高、免疫效果较好等优点。

（2）养殖场管理。不同日龄、不同品种的禽类应分开饲养，防止交叉感染。同时，要将家禽与野生鸟类尽可能隔离，避免野生鸟类进入家禽饲养区域。

饲养密度控制。保持合理的饲养密度，确保禽类有足够的生活空间，减少应激和疾病传播的风险。例如，在鸡舍中，每平方米饲养的鸡只数量应根据鸡的品种和生长阶段进行合理调整。

维持适宜的饲养环境温度、湿度和通风条件。良好的通风可以减少氨气等有害气体的积聚，降低禽类的应激反应，提高其免疫力。

（3）卫生消毒。定期对禽舍、养殖设备等进行彻底消毒。可选用有效的消毒剂，如过氧乙酸、戊二醛等。例如，每周至少进行1~2次的全面消毒，包括地面、墙壁、栖架等各个部位。

对食槽、水槽等饲养器具要每天清洗消毒，可采用浸泡消毒的方式，如使用含氯消毒剂浸泡15~30分钟后，用清水冲洗干净。

进入养殖场的人员必须更换工作服、鞋套，经过消毒通道和洗手消毒；外来车辆进入养殖场前必须进行车身、轮胎等全面消毒。

（二）新城疫

新城疫是由新城疫病毒引起的一种高度传染性禽类疾病。

1. 病原

病原是新城疫病毒，属于副粘病毒科禽腮腺炎病毒属。它是一种单股负链RNA病毒，病毒粒子呈多形性，多数为球形，有囊膜。

2. 症状

病禽精神沉郁，羽毛松乱，缩头闭眼，不愿走动。食欲减退或废绝，饮水增多。出现严重的呼吸道症状，如咳嗽、气喘、呼吸困难，常发出"咯咯"声。部分病禽有神经症状，如头颈扭转、共济失调、翅膀和腿麻痹等。腹泻，粪便呈绿色、黄绿色或黄白色，且稀软。产蛋禽的产蛋量急剧下降，蛋的品质变差，如蛋壳颜色变浅、薄壳蛋和软壳蛋增多等。

3. 传播途径

主要通过呼吸道和消化道传播，病鸟的粪便、分泌物以及被污染的饲料、饮水、用具等都可成为传播媒介患病禽是主要的传染源，在感染后的潜伏期和发病期都能排出病毒。带毒禽（包括康复后的禽只可能长期带毒）虽然不表现出明显症状，但可向外界环境排毒，污染周围的饲料、饮水、空气、土壤等。一些野生鸟类也可携带新城疫病毒，成为潜在的传染源，可能将病毒传播给家禽。

4. 治疗方法

根据病禽的典型临床症状（如呼吸道症状、神经症状、产蛋下降等）、流行病史（如近期有禽只引进、禽群密集饲养等情况）以及病理变化（如腺胃乳头出血、肠道黏膜出血、坏死等）可以进行初步诊断，但不能确诊。目前尚无特效治疗药物。发病初期可紧急接种新城疫疫苗，以刺激机体产生抗体。同时，可使用一些抗病毒中药，如黄芪多糖等增强鸟的免疫力，对缓解症状有一定帮助。对于有呼吸道症状的病鸟，可使用止咳平喘的药物，如麻杏石甘散。还要注意对病鸟进行隔离，防止病毒传播，对鸟舍进行彻底消毒。

5. 防治措施

（1）疫苗接种。疫苗分为活疫苗和灭活疫苗。活疫苗如 La Sota 株、Clone30 株等活疫苗，免疫原性较好，能刺激机体产生较强的免疫反应。La Sota 株疫苗安全性较高，适用于雏禽和成禽；Clone30 株疫苗免疫后抗体产生较快。灭活疫苗安全性高，不存在散毒风险，免疫期相对较长。

雏禽一般在 7~10 日龄时，使用 La Sota 株或 Clone30 株活疫苗进行滴鼻、点眼首免；25~30 日龄时进行二次免疫，可采用饮水免疫的方式；60 日龄左右再进行一次活疫苗免疫，之后可根据抗体水平适时进行灭活疫苗的免疫。成禽每 3~4 个月进行一次活疫苗或灭活疫苗免疫，以维持较高的抗体水平。

（2）保持禽舍清洁、干燥、通风良好，控制合理的饲养密度，不同日龄、不同来源的禽只应分开饲养，避免交叉感染。

（3）定期对禽舍、饲养用具（如食槽、水槽等）进行消毒。可选用合适的消毒剂，如过氧乙酸、氢氧化钠等。例如，每周至少进行 1~2 次喷雾消毒，食槽和水槽可每天清洗消毒。

（三）禽白痢

1. 定义

鸡白痢是珍禽常见的传染病，在雏禽中表现为急性败血症，以白痢为主要症状，发病率和死亡率都很高。在成鸡中表现为慢性或无症状感染。

病原为鸡白痢沙门氏菌，是一种革兰氏阴性小杆菌，存在于病禽内脏各器官中，特别是肝、肺、卵黄囊、肠和心血中含量居多。野生禽类往往是由直接或间接地接触病禽而感染此病。病雏禽和带菌的成年禽的粪便是白痢的主要传染源，带菌雌禽的卵巢和肠道中含有大量病菌。因此，它们产的蛋和粪便都含有病菌，用这种蛋孵出的雏禽多患白痢，同时也污染孵化器，使刚出壳的雏禽感染。

2. 诊断要点

（1）乌骨鸡、雉鸡、肉鸽、鸵鸟、火鸡、鹌鹑、鹧鸪、贵妃鸡等珍禽均易感染此病。禽白痢的主要传染途径是消化道，珍禽吃了病禽粪便、飞绒等污染了的饲料和饮水便会感染。污染的垫料和用具也是传染媒介。此外，患病的雄性珍禽睾丸和精液中也含有病原菌，通过配种可以把病菌传染给雌性珍禽并带入受精卵传染给后代。育雏室温度不平衡、潮湿、污秽，禽群拥挤，饲料配合不当，营养缺乏等也是本病发生的原因。

（2）由于被感染珍禽的年龄不同而表现出不同的症状。

①雏禽。用感染蛋孵出的小雏，通常在出壳后不久便死亡，见不到明显症状。5~7 日龄病势达到极点，病雏昏睡、衰弱、怕冷，两翼下垂，吃食很少或不吃，肛门周围沾污灰白色黏稠粪便，气味恶臭。多数病雏有呼吸困难的症状。

②成年禽。成年禽患病不表现临床症状，成为隐性带菌者，病程可延长几个月。有时可见腹部下垂、贫血、下痢症状。

（3）雏禽心、肝脏及肺部有灰白色小结节，肝脏呈土黄色，有时可见点状出血和坏死点。脾脏有时肿大，输尿管显著膨大，并有尿酸盐沉积。盲肠可见到白色硬固的粪便。病程稍长的病例，卵黄吸收障碍，卵黄囊内容物变成淡黄色，如油样或干酪样黏稠物，成年禽常见卵巢萎缩，卵形异常和变色，或引起腹膜炎和腹腔内脏的粘连。成年禽的病变局限于睾丸极度萎缩和输精管增大，充满黏稠的渗出物。

3. 防治

（1）治疗。治疗可从以下几方面进行考虑。

①抗菌素类药物。磺胺类以磺胺嘧啶、磺胺甲基嘧啶和磺胺二甲基嘧啶为首选药，在饲料中添加不超过 0.5%，饮水中可用 0.1%~0.2%，连续使用 5 d 后，停药 3 d，再继续使用 2~3 次。

其他抗菌药物如金霉素、土霉素、四环素、庆大霉素、卡那霉素、氟哌酸等均较有效，常用氟哌酸 0.01%~0.02% 拌料，拌服 5~6 d；或庆大霉素针剂饮水，雏禽每天上下午各一次，每次用量为 1 000~1 500 IU，连饮 4 d，可见到较好的治疗效果。不可长时间使用一种药物，也不可以加大药物剂量。要考虑到有效药物可以在一定时间内交替、轮换使用，药物剂量要合理，治疗要有一定的疗程。

②微生物制剂。近年来微生物制剂在防治白痢方面有较好的效果，这些制剂安全、无毒，不产生副作用，不产生抗药性，价格低廉。常用的微生物制剂有促菌生、调痢生、乳酸菌等，在用这些药物的同时及其前后 4~5 d 应禁用抗生素。促菌生，每只禽每次 0.1 亿个菌，每天 1 次，连用 3 d，效果较好；剂型有片剂，每片 0.5 g，含 2 亿个菌；胶囊每粒 0.25 g，含 1 亿个菌。在多数情况下，这些微生物制剂的效果相当或优于化学药物。

③中草药方剂。中草药方剂可参考以下几种情况。

a. 白头翁、白术、茯苓各等份共研细末，每只幼雏每日 0.1~0.3 g，中雏每日 0.3~

0.5 g，拌入饲料，连喂 10 d，治疗雏禽白痢疗效很好，病禽在 3~5 d 内病情会得到控制而痊愈。

b. 黄连、黄芩、苦参、金银花、白头翁、陈皮各等份共研细末，拌匀，按每只雏禽每日 0.3 g 拌料，防治雏禽白痢的效果优于抗生素。

c. 蒲公英、甘草粉碎后，以 10：3 的比例混匀，按 2% 添加于雏禽日粮中，雏禽连喂 3 周，预防雏禽白痢的效果显著。

d. 白头翁、蒲公英、葛根、乌梅各 40 g，黄芩、金银花、黄柏、甘草各 30 g，粉碎混匀，按 15% 添加于雏禽日粮中，预防雏禽白痢效果很好。

（2）预防。预防可从以下几方面考虑。

①加强育雏管理。育雏室应经常保持清洁干燥，温度要维持恒定，垫草应勤晒勤换，雏禽不能过分拥挤，饲料要配合适当，防止雏禽发生啄癖，饲槽和饮水器应防止被禽粪污染。

②注意常规消毒。禽舍及一切用具要经常清洗消毒，搞好禽舍的环境卫生。

③执行定期检疫措施。定期对种禽检疫是消灭带菌者、净化禽白痢的最有效措施。

④对新购进的禽应选用合适的药物进行预防，有助于控制发病。

⑤发病后要立即隔离、封锁和治疗，尽快扑灭传染源。

（四）球虫病

球虫病是由球虫引起的鸟类常见寄生虫病。

1. 病原

病原为球虫。鸟类球虫属于顶复门、艾美耳科。不同种的鸟类可能感染不同种类的球虫，例如鸡感染柔嫩艾美耳球虫等多种艾美耳球虫。球虫的生活史较为复杂，包括裂殖生殖、配子生殖和孢子生殖三个阶段。在宿主体内以裂殖生殖和配子生殖为主，在外界环境中进行孢子生殖。球虫的卵囊呈圆形或椭圆形，不同种球虫的卵囊大小和形态有差异。卵囊壁一般分为两层，外层较厚，内层较薄。卵囊内含有孢子囊，孢子囊内又含有子孢子。

2. 症状

病鸟精神不振，羽毛蓬松，缩头闭眼，食欲减退，渴欲增加。粪便稀软，严重时便血，这是因为球虫在肠道内大量繁殖，破坏肠黏膜，导致肠黏膜出血。雏鸟的死亡率较高。症状相对较轻，表现为间歇性腹泻，消化不良，羽毛生长不良，体重逐渐减轻，产蛋量减少（在产蛋鸟类中）等。

3. 传播途径

患病的鸟类是主要的传染源。病鸟的粪便中含有大量的球虫卵囊，带虫鸟虽然不表现明显的临床症状，但也能持续排出卵囊，污染周围环境。鸟类啄食被球虫卵囊污染的饲料、饮水或啄食被粪便污染的杂物后，卵囊经口进入消化道而感染。

4. 治疗方法

可使用抗球虫药物，如磺胺类药物（磺胺氯吡嗪钠等）、地克珠利等。在治疗期间，要保证鸟舍清洁卫生，及时清理粪便，防止再次感染。同时，要注意补充病鸟的营养，因为球虫病会影响鸟的消化和吸收功能。在治疗期间，要保证鸟舍清洁卫生，及时清理粪便，防止再次感染。

5. 预防措施

（1）饲养管理。保持鸟舍清洁干燥，定期清理粪便、更换垫料。例如，每天清扫鸟舍，每周至少更换一次垫料，以减少球虫在环境中的生存机会。提供新鲜、清洁的饲料和饮水，避免饲料和饮水被球虫污染。合理控制鸟的饲养密度，避免鸟只过于拥挤，减少鸟与鸟之间的接触机会，降低感染风险。

（2）消毒措施。定期对鸟舍、鸟笼、栖架等进行消毒。可选用氢氧化钠、过氧乙酸等消毒剂，每周至少进行 1~2 次的喷雾消毒。对病鸟的粪便要进行无害化处理，如堆肥发酵，使粪便中的球虫卵囊失去感染力。

禽类其他主要疾病介绍

二、材料准备

主要包括珍禽疾病产生的原因；珍禽常见疾病种类；珍禽的疾病预防措施；珍禽常见疾病的定义、诊断及防治等。

三、人员准备

人员分组，每组 5 人，明确职责分工。

任务角色	任务内容
组长：	任务：
组员 1：	任务：
组员 2：	任务：
组员 3：	任务：
组员 4：	任务：

任务筹划

一、内容

明确要调查的项目，认真思考如何快速获取相关信息，统筹需要收集的材料。

二、方法

认真思考如何快速获取相关信息，统筹需要收集的材料，进行相应知识点的巩固练习。

三、流程

第一步：了解珍禽疾病产生的原因及常见疾病种类。
第二步：查找相关资料，整理珍禽的疾病预防措施。
第三步：查找相关资料，整理珍禽常见疾病的定义、诊断及防治方法。
第四步：学习每个项目操作的具体技术要领。
第五步：依据要求进行相应知识点的巩固练习。
第六步：任务总结。

任务实施

步骤一：
步骤二：
步骤三：
步骤四：
任务总结：

任务检测

请扫码答题

任务评价

工作任务完成过程评价表

班级：________ 组别：________ 姓名：________

项目	评分标准	自我评价	小组评价	教师评价
理论知识（30分）	了解珍禽疾病产生的原因及常见疾病种类（10分）			
	掌握珍禽的疾病预防措施（10分）			
	掌握珍禽常见疾病的概念、诊断及防治方法（10分）			

（续表）

项目	评分标准	自我评价	小组评价	教师评价
实操技能（50分）	相关信息的收集和整理（10分）			
	能够正确叙述要求掌握的具体知识点要点（10分）			
	对于信息的整合和分析（10分）			
	操作态度是否积极主动，是否服从安排（10分）			
	能够对珍禽常见疾病做出初步诊断（10分）			
思政素养（20分）	能从全局上筹划相关事项或行动的具体安排（10分）			
	培养学生预防为主、群防群治的思维方式（10分）			
合计（100分）				
自我评价与总结				
教师点评				

项目六 毛皮兽（狐）养殖与疾病防治

项目导读

毛皮动物（如狐、貂、貉）在我国饲养已近半个世纪。这一行业经历了从小到大、从分散饲养到集约化饲养、从鲜饲料到干饲料等诸多变化及改革。目前，我国已跨入世界毛皮动物养殖大国行列。随着我国经济的持续增长和人民生活水平的不断提高，对珍贵毛皮制成的裘皮大衣和其他裘皮制品的需求也在稳步增长。在需求的强劲推动下，养殖毛皮动物必将成为一项极具前景的养殖项目。

知识目标

（1）了解当前我国毛皮兽饲养的现状和特点。

（2）熟知狐的繁殖规律及狐繁殖技术。

（3）简述狐的生物学特性和饲养管理要点。

（4）简述狐的取皮方法及狐鲜皮初加工技术工艺流程。

（5）了解毛被和皮板的品质特征及品质鉴定内容。

（6）正确叙述毛皮兽（狐）犬瘟热、细小病毒病、巴氏杆菌病的临床特征及免疫程序。

（7）正确叙述毛皮兽（狐）蛔虫病、钩虫病的防治及驱虫制度。

技能目标

（1）能够查阅、分析并整理毛皮兽品种资料，识别常见的毛皮兽品种。

（2）能够准确完成狐的捕捉与保定技术。

（3）掌握狐的取皮方法及技术要点。

（4）通过技能训练，能够独立完成银黑狐、北极狐皮张等级鉴定技术。

（5）独立完成毛皮兽（狐）常用的给药方法。

素质目标

（1）培养学生分析和解决问题的能力，注重品种保护，树立“种子是农业的芯片”的科学认识。

（2）能够根据实际情况选择合适的饲养品种。

（3）树立安全意识，确保个人人身安全。

（4）遵守工作纪律，有效利用时间，按时完成各项任务。

（5）主动承担工作任务及责任，尊重他人意见，遵从集体决策，遵守各种行为规范和操作规范。

（6）树立严谨求实的科学态度。

任务一　毛皮兽的品种

任务导入

我国养殖毛皮兽的历史源远流长，并已形成一定规模。当前，中国已由单纯的原料皮出口国转变为世界裘皮动物的养殖中心、加工中心以及消费中心。在毛皮兽养殖领域，我国主要发展趋势是在适合生长的北方地区，选择养殖回报率高的优良品种，并运用先进的技术，加强标准化饲养，以取得最大的经济效益。毛皮兽饲养业，是畜牧业中的一项新兴产业，这些动物人工驯养的历史都不长，其中驯养历史悠久的水貂、银黑狐等，也仅有上百年的历史。很多人此前并未有毛皮兽养殖的经验，甚至连基本的品种都不认识，请帮助他们正确识别不同毛皮兽品种，从而做出明智的养殖选择。

任务工单

班级：______________　姓名：______________　学号：______________

任务名称	毛皮兽的品种识别
任务描述	根据实际情况，填写本任务的内容、目的、流程和方法。 任务内容：毛皮兽常见品种识别。 任务目的：认识和掌握毛皮兽常见品种；掌握要领；着重识别外貌特征和生产性能。 任务流程：收集资料并整理，提供毛皮兽品种图片，学生观察图片，阅读鉴定材料，进行品种识别练习。 任务方法：查阅资料信息，分组调查研究，小组讨论分析，给出识别结果。

（续表）

<table>
<tr><td rowspan="5">获取信息</td><td colspan="4">为完成任务，需要掌握以下相关知识点。请收集资料，回答以下问题。
（1）毛皮兽饲养业的特点。

（2）青海省毛皮兽的养殖情况。

（3）常见毛皮兽的品种有哪些？

（4）常见毛皮兽品种的主要特征有哪些？

（5）收集常见毛皮兽品种的图片。</td></tr>
</table>

<table>
<tr><td>制订计划</td><td colspan="4">（1）收集文字、图片等资料。
（2）整理资料。
（3）提供毛皮兽品种图片，学生进行观察。
（4）阅读材料，进行品种识别训练。
（5）总结。</td></tr>
<tr><td rowspan="6">任务实施</td><td colspan="4">按照预先制订的工作计划，完成本任务，并记录任务实施的过程。</td></tr>
<tr><td>序号</td><td>完成的任务</td><td>遇到的问题</td><td>解决办法</td></tr>
<tr><td></td><td></td><td></td><td></td></tr>
<tr><td></td><td></td><td></td><td></td></tr>
<tr><td></td><td></td><td></td><td></td></tr>
<tr><td></td><td></td><td></td><td></td></tr>
</table>

任务准备

一、知识准备

（一）毛皮兽的概念

以获取毛皮为主要目的的家养动物和野生动物统称为毛皮兽。例如家养动物中的山羊、绵羊、家兔和家猫，以及野生动物中的香鼠、艾虎、松鼠、猞猁、豹等。特别是红狐、北极狐、紫貂、黄鼬、水獭等，它们能生产具有高经济价值的优质毛皮。一些野生种类经过长期驯化，在人工饲养条件下进行繁殖、改良和利用，逐渐变成家畜，如水獭。这些哺乳动物的毛皮是重要的工业原料，可以用来做衣服、鞋、帽、毯、毡子等。

（二）主要毛皮兽品种介绍

1. 水貂

水貂属于动物界、脊索动物门、脊椎动物亚门、哺乳纲、真兽亚纲、食肉目、鼬科，是一种小型珍贵毛皮动物。水貂是裘皮市场的三大支柱之一，有“裘皮之王”的美称，原产于北美洲。世界上现有美洲水貂和欧洲水貂两个品种。因美洲水貂毛色美观，故被各国广泛饲养。

目前，我国饲养的水貂均属美洲水貂。水貂外形与黄鼬十分相似，体躯细长，头小而圆，眼小而圆，耳壳较小，四肢短小，尾细长，尾毛蓬松。水貂前后肢皆五趾，趾端具有锐爪，趾间有蹼，后肢趾间蹼较前肢明显。肛门两侧有一对臭腺，是水貂用以避敌的秘密武器。野生水貂毛色为深褐色，下颌有白斑，称为标准色水貂。人工饲养的除标准色水貂外还有彩色水貂。彩色水貂是标准色水貂变异或人工培育而成，目前有白、蓝、灰黄、红、黑等多个色系和几十种色型，如白化貂、黑十字貂、咖啡貂、蓝宝石貂和米黄貂等。

成年水貂的体尺和体重存在性别差异，公貂体重为1.5~3.0 kg，体长为38~50 cm，尾长18~22 cm；母貂体重为0.9~1.5 kg，体长为34~37 cm，尾长15~17 cm。仔貂出生体重为7~10 g，刚出生的仔貂身上裸露无毛，闭眼。

2. 紫貂

紫貂又名松貂、貂鼠、赤貂、黑貂、青门貂、大叶子。紫貂属食肉目、鼬科。紫貂体躯细长，四肢短而强健，体型与黄鼬相似但稍大，雄性紫貂通常比雌性更大。紫貂有五个脚趾，爪子尖锐且弯曲；耳朵大而直立，呈三角形；尾巴的毛蓬松，占体长的30%~40%。紫貂体长约40 cm，尾长约12 cm，体重0.5~1.0 kg。野生的紫貂全身呈现棕黑色或褐色。家养的紫貂则有黑、白、蓝、黄等多种颜色，头部为淡灰褐色，耳缘呈污白色，带有黄色或黄白色的喉斑，胸部长有棕褐色的毛，腹部颜色较淡。目前已知我国的紫貂分为4个亚种，分别是阿尔泰亚种、大兴安岭亚种、小兴安岭亚种以及长白山亚种。

3. 北极狐

北极狐产于亚欧大陆北部和北美北部近北冰洋地带及北美南部沼泽地区和森林沼泽地区。野生北极狐有两种毛色，一种是白色北极狐，其毛色冬季为白色，夏季变深；另一种是浅蓝色北极狐（又叫蓝狐），毛色有浅灰、深灰、深褐或黑色，其毛色有较大变异，体型较银狐小，嘴短粗，小而圆。成年公狐体重5~6 kg，体长56~68 cm，尾长25~30 cm；1年母狐体重4~6 kg，体长55~65 cm，尾长21~27 cm。家养北极狐中可见到一些毛色变种，如影狐、北极珍珠狐、北极蓝宝石狐、北极白金狐和白色北极狐等。这些品种习惯上统称为彩色北极狐。目前，彩色北极狐的毛色遗传研究已经取得了很大的进展，为培育北极狐新品种奠定了基础。

4. 银黑狐

银黑狐体躯外貌与犬相似，嘴尖、耳长、四趾细长；吻部、双耳、腹部和四趾毛色为黑褐色，脸上有白色银毛构成的银环，背部和体呈银色；全身毛被底绒呈青灰色，针毛纤维分为3个色段，即毛尖黑色，靠近毛尖的一小段为白色，基部一大段呈黑灰色；尾端毛呈白色，形成4~10 cm的白尾尖；尾形以粗圆柱状为佳，圆锥形次之。成年公狐平均体重为5.5~7.0 kg，体长63~72 cm，尾长40~50 cm；母狐体重为5.0~6.5 kg，体长60~65 cm。

5. 赤狐

赤狐体躯细长，四趾较短，嘴尖，尾长，尾毛蓬松，毛色变异；毛被体色的地理变异较大，不同地理亚种毛被色泽不同。蒙新亚种毛色较淡，呈草黄色，背部、颈部及双肩部呈锈棕色，腹部呈白色；西藏亚种毛色赤红至棕黄，略染黑色、银白色调，尾毛黑色较深重；西北亚种毛被比其他亚种短而疏薄，背毛呈灰褐色，尾较短小；东北亚种背毛鲜亮呈红色，针毛不具黑色毛尖，底绒为烟灰色，体侧毛色为棕色，腹部毛色浅灰，尾形粗大；华北亚种毛被特征与华南亚种基本相似，背毛呈棕褐色，喉部呈灰褐色，前肢前侧为麻棕色，腹毛近乎白色。赤狐平均体重为5~6 kg，体长60~65 cm，尾长40~45 cm；成年母狐平均体重为4.5~5.5 kg，体长60~80 cm，尾长36~40 cm。

6. 貉

貉外形类似狐狸，但比狐狸小，体肥短粗，四肢短而细，耳朵短小，嘴巴短尖，面颊横生淡色长毛，长毛稀疏。貉眼下有黑色长毛，构成明显的“八”字形黑纹，被毛长而蓬松。貉背部毛绒呈青灰色，略带橘黄，毛的颜色大致可分三节：基部呈黑灰色、中部呈橘红色、尖端呈黑色。成年公貉体重为5.4~10.0 kg，体长58~67 cm，尾长15~23 cm；母貉体重为5.3~9.5 kg，体长57~65 cm，尾长11~20 cm。貉在我国分布广泛，各省都有。一般以长江为界分为南貉和北貉。南北貉比较而言，南貉体型小，针毛短，毛绒稀疏，保温性能不如北貉。南貉主要分布在浙江、江苏、安徽、湖南、湖北、江西、四川、云南等省。北貉主要分布于北方各省。我国的貉可分为七个亚种：乌苏里貉、阿穆尔貉、朝鲜貉、江西貉、闽粤貉、湖北貉、云南貉。

7. 果子狸

果子狸俗称“花面狸”，又名白鼻狗、班灵狸、乌脚狸、包公狸、青摇、白额灵猫等，属食肉目，灵猫科。果子狸四肢短，尾长，体毛浓密而柔软，体上无斑点或纵纹，尾无色环；眼后及眼下各具小块白斑，自两耳基部至颈侧，也有一条白纹；下颌黑色；体背、体侧、附肢上部以及尾部呈暗棕黄色；腹部毛色淡，多为灰白色，附肢及尾末段呈黑色；头部被毛呈灰黑色，自鼻孔向后经额部、颅部及颈背部至后背，有一条白色纵纹。果子狸体型中等，比家猫稍大，体重2~9 kg体长50~80 cm，尾长40~50 cm。

8. 小灵猫

小灵猫属于灵猫科、小灵猫属，俗名有笔猫、斑灵猫、七节狸、香狸（商品名）等。小灵猫，体重4 kg左右，两眼和两耳的距离也比大灵猫短，体长为70~80 cm，体躯长46~61 cm。它的吻尖而突出，额部狭窄，耳短而圆，眼小而有神；四肢健壮，后肢略长于前肢，有利于腾跃；每足各有5趾，但前足的第三趾和第四趾没有爪鞘保护，有伸缩性，能从脚底垫裸露出来；胸腹部有3对乳头，胸部1对，腹部2对。小灵猫的被毛由针毛和绒毛两种组成，针毛多、粗而直，富有弹性，毛基和毛尖黑色，中间呈黄色或棕黄色，绒毛柔软，毛基黑褐，毛尖棕白。这两种毛使其整个躯体成为棕灰、乳黄或赭黄色的基本色调。此外，小灵猫耳后到项背还有2条黑褐色的颈纹。颈纹之后是4~6条暗褐色背纹，从后背一直到尾根，背纹中间的4条比较清晰，而外侧的两条则时续时断；尾部有6~9个较窄的暗色环，不过尾中部的暗色环较宽且黑，尾基的第一或第二环，以及尖端的最后两个环一般在尾下面不封闭；背部无鞘毛，前足与后足的足背为乌褐色，额喉呈棕灰色且常具暗色的颈斑。胸部的毛色暗褐，腹部的稍浅，为黄白色。小灵猫的体色和斑纹因季节、产地不同而有变化，一般冬毛斑纹较模糊，体色呈棕黄或乳黄；夏季斑纹清晰，呈黑褐色，体表则为浅灰色。

9. 麝鼠

麝鼠属于动物界、脊索动物门、脊椎动物亚门、哺乳纲、真兽亚纲、啮齿目、仓鼠科。麝鼠原产于北美洲，分布广泛。麝鼠又名青根貂，俗称“水老鼠”“水耗子”，因其分泌的香液具有麝香气味而得名。麝鼠体躯肥胖，成年体重1.0~1.5 kg，个别可达2.5 kg，体长约35 cm，尾巴长约25 cm，是田鼠亚科中体型最大者。麝鼠头部略扁平，眼球外突小而黑亮，耳朵较小，隐于毛被之中，耳前纵褶比较发达，可随时关闭外耳道，耳孔有长毛堵塞，适于水中活动；嘴端钝圆，边有稀长的须；牙齿结构与田鼠相似，上下颌各有1对长而锐利的门齿，呈浅黄或暗褐色，突露于外，且终生生长；颈很短且不灵活；躯干胸部较大，腹部比胸部发达，腰部、背部和臀部都丰满，宽而圆；前肢短而灵活，内侧生有硬毛，有四趾，趾爪锋利，趾间无蹼；后肢比前肢长而强壮，趾间有半蹼，尾较长，根基部呈圆形，中部与基部扁平，表面覆盖着圆形鳞片和稀疏的黑色短毛。麝鼠针毛长而稀，光滑耐磨，富有弹性，绒毛细短而密，质地柔软；背部毛被呈棕湖色或黄褐色，腹部呈棕灰色；夏季被毛色泽较淡，冬季则较深。

10. 毛丝鼠

毛丝鼠又名美洲栗鼠，又称绒鼠、绒毛鼠、金丝鼠，俗称金耗子。属哺乳纲、啮齿目、豪猪亚目、毛丝鼠科，共3属6种，是南美洲的特有品种。由于毛丝鼠的长相与日本动画大师宫崎骏的动画片《龙猫》中的主人公龙猫太郎相似，故后被称为龙猫，进而成为毛丝鼠的主要称呼。毛丝鼠的裘皮鲜艳美观、丰富致密、明亮光滑、状若绒丝，仿佛披上了一层轻纱，显得雍容华贵，且保暖御寒，是世界上最好的毛皮之一。按其重量计算，价值可以和黄金等价，故又有“金丝鼠”之称。毛丝鼠多数具中等体型，但大毛丝鼠个体大，体长47~66 cm，最大的雄鼠体重可达8 kg；善跳跃，前肢短小，后肢长而粗壮；长尾毛丝鼠的尾长为20~40 cm，覆密毛，特别背面毛甚长，在跳跃中可用以掌握方向。该类动物皆头大，耳大，眼大，吻宽，除大毛丝鼠后肢3趾外，前肢均具4趾。毛丝鼠是该科动物的一种珍贵毛皮兽，毛厚、柔软、华丽、轻便，可人工饲养；背毛蓝灰色或灰褐色，有黑毛尖，腹毛黄白色。经人工培育后，毛丝鼠出现白、米黄、青玉、木炭、黑等色型。

11. 海狸鼠

海狸鼠又名海狸、獭狸，啮齿目，海狸鼠科，海狸鼠属。海狸鼠是草食性皮肉两用动物，原产于南美国家，现已选育出16个色型品系，有白色、金色、金黄色、黑色、褐色、奶油色、珍珠色、麻黄色等，其中以金色、金黄色最为珍贵，麻黄色最为常见。海狸鼠是最大的啮齿动物，体长43.0~63.5 cm，尾长22.5~42.5 cm，体重5~10 kg，个别体重可达17 kg。海狸鼠头较大、鼻孔有肌肉活瓣，能在水中关闭；耳小具瓣膜，耳孔处具毛有防水作用；门齿大而长，呈橘红色；四脚黑色，后脚具模。雄鼠阴茎高肛门 4~5 cm，雌鼠阴道离肛门较近，腹部有 4 对乳头；背部具有针毛和绒毛，腹毛比背毛多而厚；背部为黑色、体侧为橙黄色、腹部为土黄色。

12. 黄鼬

黄鼬又名黄鼠狼、鼪鼠、地猴，体长 25~40 cm，尾长 13~18 cm，体重约 1 kg，雌体比雄体较小。黄鼬体型细长，四肢短，尾中等长，较为蓬松；肛门部有一对臭腺，遇敌时能释放臭气自卫；全身毛色棕黄或橙黄，腹面毛色较淡，腋下及鼠蹊部几乎呈淡黄灰色；鼻端、口角和额部为白色，掺杂棕黄色毛发，眼周和两眼间为褐棕色；尾和四肢与背部毛色相同，冬季掌面被覆灰褐色毛。黄鼬栖息于林区的河谷、土坡、沼泽及灌丛中，也常见于平原或村落附近，居住在石洞或树穴内。它们多在夜间活动，性残暴，视觉敏锐，擅长游泳。

13. 水獭

水獭又名獭、獭猫、鱼猫、水狗、水毛子，食肉目、鼬科、水獭属，主要生活于河流和湖泊一带，尤其喜欢生活在两岸树木繁茂的溪河，巢穴常选在堤岸的岩缝中或树根。水獭身体呈流线型，体长 60~80 cm，体重可达 5 kg，头部宽而略扁，吻短，下颌中央有数根短而硬的须；眼略突出，耳朵短小而圆，鼻孔、耳道有防水灌入的瓣膜；尾巴细长，由基部至末端逐渐变细；四肢短，趾间有蹼；体毛较长而细密，呈棕黑色或咖啡色，具丝绢光泽；底绒丰厚柔软；体背灰褐色，胸腹颜色同为灰褐色，喉部、颈下为灰白色，毛色还呈现季节性变化，夏季稍带红棕色。

14. 旱獭

旱獭又名土拨鼠、草地獭，属哺乳纲，啮齿目，松鼠科，旱獭属，又叫哈拉、雪猪、曲娃（藏语）。旱獭是松鼠科中体型最大的一种，是陆生和穴居的草食性、冬眠性野生动物。我国有四种旱獭：蒙古旱獭、长尾旱獭、喜马拉雅旱獭和阿尔泰旱獭。旱獭体短身粗，长 37~63 cm；无颈，尾、耳皆短，耳壳黑色；头骨粗壮，上唇为豁唇，上下各有一对门齿露于唇外；两眼为圆形，眶间部宽而低平，眶上突发达，骨脊高起，身体各部肌腱发达有力。旱獭体毛短而粗，毛色因地区、季节和年龄而异，多为棕、黄、灰色。旱獭广泛栖息于高原草甸草原，山麓平原和山地阳坡下缘为其高密度集聚区，过家族生活，个体接触密切。喜马拉雅旱獭为青藏高原特有种，青海省内除海西州外均有分布。旱獭的毛皮质量好，肉质细嫩鲜美，其肉、油、骨、肝、胆均可入药。

毛皮兽饲养的研究内容和特点

二、材料准备

（一）调查青海省毛皮兽养殖业的基本情况

开展对青海省毛皮兽养殖业的全面调查，包括养殖规模、养殖现状、养殖品种等。

（二）收集毛皮兽常见品种的相关资料

资料收集主要包括毛皮兽主要品种的详细文字描述和清晰的图片资料。

三、人员准备

人员分组，每组 5 人，明确职责分工。

任务角色	任务内容
组长：	任务：
组员 1：	任务：
组员 2：	任务：
组员 3：	任务：
组员 4：	任务：

任务筹划

一、内容

明确调查的具体项目，确定重点调查的毛皮兽品种，包括品种特性、市场价格和市场占有率等。

二、方法

认真思考如何有效获取信息，探索并确定信息获取的渠道，并对收集到的资料进行整理和编纂。

三、流程

第一步：调查青海省毛皮兽养殖业的基本情况。
第二步：掌握毛皮兽的概念和饲养业的特点。
第三步：收集整理毛皮兽常见品种的资料，并进行深入学习。
第四步：教师提供不同品种的图片，学生分组进行品种识别练习。

任务实施

步骤一：
步骤二：
步骤三：

步骤四：

任务总结：

任务检测

请扫码答题

任务评价

工作任务完成过程评价表

班级：________ 组别：________ 姓名：________

项目	评分标准	自我评价	小组评价	教师评价
理论知识（30分）	了解毛皮兽的概念及毛皮兽饲养业的特点（10分）			
	理解毛皮兽饲养业的特点（10分）			
	掌握毛皮兽常见品种的特点（10分）			
实操技能（50分）	能够识别主要品种（15分）			
	相关信息的收集、整合和分析（15分）			
	操作态度积极主动，服从安排（10分）			
	准确识别毛皮兽常见品种（10分）			
思政素养（20分）	深入思考可持续发展和生态平衡的意义所在（10分）			
	树立保护野生动物的理念（10分）			
合计（100分）				
自我评价与总结				
教师点评				

任务二　毛皮兽（狐）的繁殖

任务导入

狐毛因其独特的品质在市场上备受青睐。在我国，越来越多的养殖户开始涉足狐的饲养业务。繁殖是狐的养殖过程中非常关键的一个环节，是狐群持续发展的关键。饲养者在狐的养殖过程中，要学会狐的繁殖技术，要根据狐的繁殖习性和生理周期，选择合适的配种时机和方法。同时，要做好怀孕期和分娩期的母狐保健工作，提供适当的饲料和营养补充，以确保母狐和幼狐的健康。此外，还应加强对幼狐的护理和饲养，提供良好的生活环境和适宜的饲料。对于养殖新手来说，狐的繁殖过程具体包括哪些步骤？养殖户又需要做好哪些工作？

任务工单

班级：________　姓名：________　学号：________

任务名称	毛皮兽（狐）的繁殖
任务描述	根据实际情况，填写本任务的内容、目的、流程和方法。 任务内容：掌握狐的繁殖规律；狐的发情特点和配种方法，以及妊娠及分娩。 任务目的：认识和掌握狐的繁殖规律；学会狐的发情鉴定、妊娠及分娩。 任务流程：收集资料并整理，小组讨论分析，巩固练习相关知识点。 任务方法：分组收集资料并整理，小组讨论分析，总结。
获取信息	为完成任务，需要掌握以下相关知识点。请收集资料，回答以下问题。 （1）狐的经济价值及养殖意义。 （2）狐的繁殖规律。 （3）狐的发情特点。 （4）狐的配种方法。 （5）狐的妊娠和分娩。

（续表）

<table>
<tr><td>制订计划</td><td colspan="4">（1）收集资料。
（2）整理资料。
（3）材料准备。
（4）进行相关知识点的巩固训练。
（5）总结。</td></tr>
<tr><td rowspan="6">任务实施</td><td colspan="4">按照预先制订的工作计划，完成本任务，并记录任务实施的过程。</td></tr>
<tr><td>序号</td><td>完成的任务</td><td>遇到的问题</td><td>解决办法</td></tr>
<tr><td></td><td></td><td></td><td></td></tr>
<tr><td></td><td></td><td></td><td></td></tr>
<tr><td></td><td></td><td></td><td></td></tr>
<tr><td></td><td></td><td></td><td></td></tr>
</table>

任务准备

一、知识准备

（一）狐的配种

银黑狐的繁殖年限为5~6年，北极狐为4~5年。通常狐的生产繁殖最佳年龄为3~4岁。狐的配种方式包括人工放对配种和同居自然配种，这些是生产上常用的方法。同居自然配种通常在配种后期使用，主要针对那些尚未交配的母狐。

1. 放对配种

公、母狐的比例一般为1 ：（2~3），个别情况下，一只公北极狐可配8~9只母狐，而公银黑狐可配5~6只母狐。

2. 放对配种方法

狐属于自发排卵动物，母狐排卵一般在发情后第1天下午或第2天早晨，卵子不是同时成熟和排出，而是陆续排出。银黑狐排卵持续3 d，北极狐可持续5~7 d，故需复配几次直到母狐拒绝交配为止。

通常一只公狐每日可交配2次，但两次交配间隔需3~4 h。银黑狐的交配时间，一般为15~20 min；北极狐为20~30 min，个别有1~2 min或长达1~2 h。

公、母狐的交配行为与狗相似，交配后形成连裆或两头挣脱的现象，故配种场所要安静，减少人为干预，不能强行将公、母狐分开，以免损伤公狐的生殖器官。

3. 人工授精

在一些大规模的狐养殖场，也会采用人工授精的方式进行繁殖。人工授精可以提高优良种狐的利用率，同时减少疾病传播的风险。

（二）妊娠与分娩

妊娠母狐的妊娠期一般为 51~52 d。在妊娠期间，母狐需要一个安静、舒适的环境，并保证充足的营养供应。妊娠期的母狐食欲增加，腹部逐渐增大。母狐配种后，性情变得安静，以后采食量加大，产前 2 周腹部明显增大，行动变得谨慎小心。

狐的产仔期根据品种、地区、饲养管理不同而有差异。银黑狐多在 3 月下旬至 5 月中旬产仔，而北极狐则在 4 月中旬至 6 月中旬产仔。

产前 1 周，母狐的乳房明显增大，会叼草铺窝，精神恐慌不安。产前应使用 2% 的苛性钠或 5% 的碳酸氢钠清洗产箱，有条件的养殖场可采用火焰喷灯消毒笼网和小室。为保温，小室和产箱之间的空隙应用草堵塞，并在产箱内铺垫清洁柔软的干草。

母狐临产前 1~2 d，会拔掉乳头周围的毛，多数食欲减退或废绝，产仔多发生在夜间或清晨。母狐产前表现不安，在笼舍内来回走动或频繁进出小室，频频回视后腹部，有时会舔舐外阴，并发出叫声。随着羊水流出不久，仔狐的头部将从产道分娩出来，整个分娩过程需要 1~2 h，有时长达 3~4 h。仔狐出生后，母狐咬断脐带，吃掉胎衣，并舔舐仔狐。需要为母狐提供充足的饮水和食物，保持环境安静、卫生。同时，应注意观察仔狐的生长发育情况，及时处理异常情况。

初次产仔检查通常在产后 24~48 h 进行，之后检查可根据听、看的情况而定，一般尽量少检查或不检查为好。当发现母狐叼仔现象时，应将母狐赶入小室内，关闭小室进入口的插板，将其关在室内 0.5~1 h，即可有效杜绝叼仔现象。

（三）产仔、哺乳及产后护理

狐是多胎动物。银黑狐平均一胎产 4~5 只，最多可达 9 只，仔狐初生重为 80~90 g。北极狐平均一胎产 8~9 只，最多可产 22 只，仔狐出生后 1~2 h，身上胎毛干燥后，便可爬行寻找乳头吸吮乳汁，饱食后便休息。仔狐一般 3~4 h 吃乳 1 次。母狐的母性极强，除吃食外，一般不出小室。个别母狐抛弃或践踏仔狐，多为母狐高度受惊所致。

仔狐初生体重为 60~90 g。仔狐在出生后 14~16 d 睁眼、出牙，20~25 d 开始吃食，30 d 以后食量猛增，此时应进行补饲。出生后 45~60 d 进行人工断奶分窝。一般情况下，一只银黑狐能抚养 6~9 只仔狐，一只北极狐能抚养 10~11 只。若一胎仔狐过多，应进行寄养。

狐的经济价值和繁殖生理

二、材料准备

（1）确定毛皮兽的性成熟期、初配年龄、种用年限。

（2）了解毛皮兽的发情表现和配种方法。

（3）掌握毛皮兽的妊娠期和产仔期，以及在这些时期需要进行的工作。

三、人员准备

人员分组，每组 5 人，明确职责分工。

任务角色	任务内容
组长：	任务：
组员 1：	任务：
组员 2：	任务：
组员 3：	任务：
组员 4：	任务：

任务筹划

一、内容

明确调查的具体项目，包括狐的性成熟与发情特点、配种、妊娠与分娩，并对本任务内容进行科学评价。

二、方法

认真思考如何有效获取信息，统筹需要收集的材料，并进行相应知识点的巩固练习。

三、流程

第一步：查找相关资料以了解狐的繁殖规律。

第二步：整理相关资料，深入了解狐的繁殖规律，熟记狐的性成熟期、初配年龄、种用年限、发情表现、配种方法、妊娠期等关键信息。

第三步：通过观看系列视频，掌握狐的配种方法及要领。

第四步：依据标准进行相应知识点的巩固练习。

第五步：任务总结。

任务实施

步骤一：

步骤二：

步骤三：

步骤四：

任务总结：

任务检测

请扫码答题

任务评价

工作任务完成过程评价表

班级：＿＿＿＿＿＿＿＿＿＿　组别：＿＿＿＿＿＿＿＿＿＿＿＿＿　姓名：＿＿＿＿＿＿＿＿＿＿

项目	评分标准	自我评价	小组评价	教师评价
理论知识（30 分）	理解狐的繁殖规律及狐的利用年限（10 分）			
	掌握狐的配种方法（10 分）			
	掌握狐的妊娠和分娩（10 分）			
实操技能（50 分）	相关信息的收集及整合（15 分）			
	能够进行狐的发情鉴定（15 分）			
	能够进行狐的配种的相关工作（10 分）			
	能够进行毛皮兽产仔期的相关工作（10 分）			
思政素养（20 分）	深刻理解人工养狐既可以保护自然资源，又可以使狐的生产性能得到提高（10 分）			
	认识实事求是、科学严谨的态度的重要性（10 分）			
合计（100 分）				
自我评价与总结				
教师点评				

任务三 狐的饲养管理

任务导入

狐的皮毛在市场上备受欢迎。在我国，越来越多的人开始饲养狐。狐养殖是一项经济效益良好的项目，我国的毛皮兽养殖业历史悠久，自中华人民共和国成立以来，毛皮兽产业更是取得了长足的发展与巨大成就。但因狐的驯养起步较晚，仍处于半驯养状态，饲养试验起步较晚，至今国内外尚未制定出一个科学的饲养标准。因此，在饲养狐的过程中，正确的养殖与管理是确保狐健康生长和高产的关键。要想创造良好的经济效益，首先要掌握过硬的养殖技术。请根据所学知识和技能，对该某狐养殖场提供一份狐的养殖手册。

任务工单

班级：________ 姓名：________ 学号：________

任务名称	狐的饲养管理
任务描述	根据实际情况，填写本任务的内容、目的、流程和方法。 任务内容：掌握狐的生物学特性，以及其在不同阶段的饲养管理。 任务目的：了解狐的生物学特性；掌握狐的不同阶段的饲养管理，以及狐的捕捉与保定方法。
任务描述	任务流程：收集资料并整理，让学生学会相关项目知识点的掌握和巩固；学会狐的捕捉与保定方法，然后进行狐的捕捉与保定练习。 任务方法：查阅资料信息，分组调查研究，小组讨论分析，进行操作练习
获取信息	为完成任务，需要掌握以下相关知识点。请收集资料，回答以下问题。 （1）狐的生物学特性。 （2）狐的生物学时期的划分。 （3）狐的一般饲养管理原则。 （4）狐的不同阶段的饲养管理。 （5）狐的捕捉与保定方法。

（续表）

<table>
<tr><td>制订计划</td><td colspan="4">（1）收集资料。
（2）整理资料。
（3）材料准备。
（4）进行狐养殖场规划设计并绘制图纸。
（5）总结。</td></tr>
<tr><td rowspan="6">任务实施</td><td colspan="4">按照预先制订的工作计划，完成本任务，并记录任务实施的过程。</td></tr>
<tr><td>序号</td><td>完成的任务</td><td>遇到的问题</td><td>解决办法</td></tr>
<tr><td></td><td></td><td></td><td></td></tr>
<tr><td></td><td></td><td></td><td></td></tr>
<tr><td></td><td></td><td></td><td></td></tr>
<tr><td></td><td></td><td></td><td></td></tr>
</table>

任务准备

一、知识准备

1. 狐的饲养管理

（1）仔狐的生长发育特点。仔狐的生长发育很快，10 日龄前的平均日增重为 17.5 g，10~20 日龄为 23~25 g。断奶后的前 2 个月生产发育最快，8 月龄时生长基本结束。

（2）哺乳期的饲养管理。银狐出生后 8 周（55~60 d）称哺乳期。初生仔狐的消化机能不完善，体温调节能力差。因此，易因饥饿、寒冷、疾病等因素饿死、冻死和病死，加强哺乳仔狐的饲养管理是十分必要的。

①及时检查仔狐。产后检查是产仔保活的重要措施之一。仔狐检查主要是在饲喂或饮水时，通过听和看，记录胎产仔数和成活数，了解仔狐的健康、吃奶、窝形及造窝保暖等情况，并对健康状况差、母狐无奶或少奶的仔狐进行护理。仔狐检查应安排在天气暖和无风的时间进行，检查时要求动作快、准、轻，手上不准带有异味。

②喂好母狐。喂好母狐的目的是提高母狐的泌乳量和乳的质量。应供给母狐正常的营养，代谢能不应低于 14.3 MJ/kg，每日蛋白质水平不应低于 35%，同时要加入脂溶性维生素，如维生素 A、维生素 D 等。

③仔狐的护理。正常情况下，仔狐不需要专门护理，只有在产仔数多、母狐泌乳量少、母性差、不会护仔或同窝仔狐个体大小悬殊等情况下，才采取相应的护理措施。

④寄养。寄养是在产仔数多、母狐泌乳量少、母性差或产后母狐死亡等情况下所采取的一种应急措施。为提高寄养的成功率，要求接受寄养的母狐必须母性强，泌乳量高，产仔少，且两窝仔狐出生日期接近，仔狐个体大小相差不大。

⑤人工喂养。仔狐在无法寄养的情况下，可在消过毒的鲜牛奶中加入少许葡萄糖、维

生素 A、维生素 B 和抗生素，制成人工乳，用吸管或特制的乳瓶人工喂养。

⑥保持安静。由母狐的母性决定，母狐的神经系统高度兴奋，对仔狐周围的噪声、异味异物、惊吓都很敏感，会导致母狐弃仔、叼仔、吃仔，甚至拒之哺乳，或将狐仔叼藏，应特别注意，不允许外人随意进出饲养场，更不允许孩子入场玩耍打闹。

⑦防寒与防暑。初生仔狐体温调节能力较差，寒冷或炎热天气，常发生冻死或中暑死亡。因此，要做好防寒、防暑工作。在天气寒冷时，要保证垫草充足和窝形完整；天气炎热时，可采取遮阴或支起产仔箱盖的方法降温。

⑧搞好卫生。仔狐开始采食后，天气也越来越暖和，饲料易变质；仔狐食入变质饲料易得消化道疾病。因此，要保持饲料和笼舍的卫生。

⑨及时补饲。随着仔狐的不断生长，母狐泌乳量逐渐减少，不能满足仔狐的要求，因而早期需要对仔狐训练采食饲料的能力。

（3）断奶仔狐的饲养管理。仔狐在 45~50 日龄时可进行断奶。断奶分窝之前，事先应对幼狐笼舍进行一次全面的清洗和消毒，并在窝箱内铺少量的垫草。在分窝时，应做好系谱登记工作。如果同窝仔狐发育均匀，可以一次性全断奶。按性别将 2~3 只放在一个笼里饲养，80~90 日龄时改为单笼饲养。如同窝仔狐发育不匀，可根据体重和采食能力大小等情况分批断奶，将体质好、采食能力强的仔狐先行分窝，个体较小或较弱的继续留给母狐抚养一段时间后断奶。

初断奶的幼狐离开母狐和同伴时，往往不适应新的环境，大都表现出应激反应，如不想吃食、发出嘶叫、行动不安、怕人等。此时应维持 1~2 周的哺乳期饲料，待其适应环境并能独立生活后，再改喂育成饲料。2~4 月龄的幼狐生长速度最快，此期要满足其营养需要，不限制饲喂量。育成前期正值炎热季节，要采取防暑措施，防止阳光直射，同时要保证充足的饮水。

进入 9—10 月份，天气变凉，幼狐食欲旺盛，性器官开始发育并生长冬毛，此时应将种狐和皮狐分群饲养。对种狐要增加维生素和蛋白质的供给；对皮狐应增加脂肪及含胱氨酸较多的饲料，减少阳光照射。

2. 育成狐的饲养管理

仔狐断乳分窝后到取皮前称为育成期。在育成期的前期，幼狐生长发育最快，对各种营养物质的需求较高。在刚断奶的前 10 天，应继续饲喂产仔哺乳期的饲料，并随着幼狐日龄的增加逐渐增加给料量，10 天后改为育成期饲料。每天喂料 3 次，定时定量，饲料应多样化、优质新鲜、易于消化吸收，且营养价值高。幼狐十分贪食，一般不限制喂料量，但应避免过饱，以防造成消化不良导致拉稀。

在育成后期，正值换毛长绒时期，饲料营养不能失调，每天饲喂两次，给料量以吃饱不剩食为原则，全天喂料总量早上占 40%，下午占 60%。在炎热的夏季，要早喂早、晚喂晚，供足清洁凉爽的饮水。在育成后期要增喂含脂肪和含硫氨基酸的饲料，以提高毛绒光泽度和毛皮的质量。

断奶后的幼狐随着日龄、体重和采食量的增加，同窝个体间会发生争食咬斗，这时要及时进行分窝。为避免由分窝造成食欲减退或不良心理影响，可采取由多到少逐步过渡到单只单笼。狐的汗腺不发达，尤其是幼狐在夏季易因酷暑而死亡，因此要加强遮阴、喷水，并加大通风换气量，确保充足的清凉饮水。

幼狐在60日龄前后要及时驱虫和接种疫苗。使用驱虫净或肠虫清，每只幼狐每天拌料2片，连用两天进行驱虫，间隔30~40 d再驱虫一次，以预防体内各种寄生虫病的发生。幼狐易发生犬瘟热等病毒性传染病，需及时接种犬瘟热、狐脑炎和病毒性肠炎等疫苗。

做好幼狐的留种和复选工作，在育成后期可保护好绒毛，做好取皮前的准备工作。

3. 成年狐的饲养管理

（1）准备配种期的饲养管理。从9月下旬到配种前4~5个月，是狐的准备配种期，也是其性器官发育和冬毛换毛阶段，在饲养管理上应注意以下事项。

①9—10月份，狐的食欲旺盛，是全年狐群规模最大、饲料用量最多的阶段，应贮备足够的饲料，以保障狐的性器官发育、换毛及幼狐生长的需要。饲料中应补充适量鲜血和增加脂肪的供给量，以提高狐的毛绒质量。种狐的日粮中还应补加鱼肝油和维生素E，以促进性器官的发育。此外，还应及时清理笼舍内狐脱换的绒毛。

②1—12月，喂狐的饲料应用温水搅拌，补喂温水，并及时清理水盆和笼舍中的冰块。

③12月至翌年2月，应通过增减饲料喂量来调整种狐体况，使其维持在中上等水平。同时，维修好笼舍，对笼舍和其他用具进行彻底消毒；编制配种计划和方案，准备好配种用具，如捕兽钳、捕兽网、手套、配种记录、药品等，以保证种狐顺利配种。

（2）配种期的饲养管理。此期饲养的中心任务是确保公狐具备旺盛、持久的配种能力和良好的精液品质，使母狐能够正常发情排卵，适时完成交配。在配种期内，因受性冲动影响，有的狐食欲减退，特别是公狐体能消耗大，体重减轻。

①可适当减少日粮量，但应提高饲料营养水平，在饲养上要供给种狐优质、全价、适口性好、易消化的日粮。同时，配种公狐每天中午补喂一次，以保持体况。

②保证充足、清洁的饮水。

③在管理上要尽可能提供适宜的配种环境，做好发情鉴定及配种记录，防止咬伤。

④随时检查笼舍的牢固性，防止跑狐。

（3）妊娠期的饲养管理。这一时期，母狐所需营养除用于维持自身新陈代谢外，还要保证胎儿在母体内的正常发育，以及为产后泌乳做准备。饲养不当可能会造成死胎、烂胎和流产。因此，妊娠期的饲料要做到营养全面、品质优良且新鲜适口。严禁饲喂发霉变质和带有激素、农药的饲料。

①饲喂量和营养水平应逐渐增加，以防止母狐过肥。

②保证饮水。

③临产前，雌狐的饲料量应适当减少。

④管理上要保持舒适、安静的环境，谢绝参观。

⑤保持笼舍、地面、食具的清洁卫生，并定时消毒。

⑥定期检查维修笼舍，防止跑狐。

⑦根据预产期，做好产前准备工作。

（4）产仔哺乳期的饲养管理。产前3 d可开始服用狐貂催乳快散，以提高泌乳力，控制感染。产仔的母狐母性极强，除采食、排便外，很少出窝活动。

① 3 周龄前，仔狐以哺乳为主，随着仔狐日龄的增长，母狐泌乳量不断增加，采食量相应增大，饲喂量原则上不加限制。

② 3 周以后，仔狐开始采食，母狐的采食量和泌乳量随之下降。因此，饲喂母狐时要根据产后时间、食量及仔狐数量区别对待。对仔狐要及时或定期检查，精心护理，并根据个体发育状况适时断乳分窝。

③保证充足饮水。

④保持环境安静，避免惊吓母狐。

⑤注意卫生防疫。

（5）维持期的饲养管理。维持期又叫恢复期，是指从公狐配种结束及母狐断奶分窝开始到性器官再次发育的这段时间。种狐经过繁殖季节，因采食量下降，体能消耗大，体况大多较瘦。为尽快恢复种狐体况，以利于翌年生产，需要做到以下 2 点。

①在恢复期初期，不要急于更换饲料。公狐在配种结束后的 20 d 内，母狐在断奶分窝后的 20 d 内，应继续给予配种期和产仔哺乳期的标准日粮，之后逐渐过渡为恢复期日粮。

②管理上应加强卫生防疫，保证充足清洁的饮水，做好防暑、防寒工作。

狐的生物学特点和保定技术

二、材料准备

（一）收集与狐饲养管理相关的资料

（1）狐的生物学特性。

（2）狐的生物学时期的划分。

（3）狐不同阶段的饲养管理要点。

（4）狐的捕捉与保定技术。

（二）工具准备

狐（也可用犬替代）、木棍、保定绳、10% 水合氯醛、2% 淀粉，自制管带保定器。

三、人员准备

人员分组，每组 5 人，明确职责分工。

任务角色	任务内容
组长：	任务：
组员 1：	任务：
组员 2：	任务：
组员 3：	任务：
组员 4：	任务：

任务筹划

一、内容

明确要调查的项目并收集相关资料；明确具体操作流程及需要的工具材料，并对本任务内容做出科学评价。

二、方法

认真思考如何快速获取相关信息，统筹需要的材料和用具，进行规范操作并撰写报告。

三、流程

第一步：了解狐的生物学特性。
第二步：查找相关资料，整理收集狐的生物学时期的划分。
第三步：查找相关资料，掌握狐不同阶段的饲养管理。
第四步：学习每个项目操作的具体技术要领。
第五步：依据要求对狐进行保定操作练习。
第六步：任务总结。

任务实施

步骤一：
步骤二：
步骤三：
步骤四：
任务总结：

任务检测

请扫码答题

任务评价

工作任务完成过程评价表

班级：________ 组别：________ 姓名：________

项目	评分标准	自我评价	小组评价	教师评价
理论知识（30分）	了解狐的生物学特性（10分）			
	掌握狐的生物学时期的划分（10分）			
	掌握狐的不同阶段的饲养管理（10分）			
实操技能（50分）	操作态度积极主动，服从安排（10分）			
	能够正确确定狐体保定部位（15分）			
	相关信息的收集、整合和分析（15分）			
	能够正确操作狐的捕捉与保定方法（10分）			
思政素养（20分）	能够从全局上筹划相关事项或行动的具体安排（10分）			
	能够更好了解、保护和利用毛皮动物（10分）			
合计（100分）				
自我评价与总结				
教师点评				

任务四　狐的取皮及初加工技术

任务导入

养狐的主要目的是获取狐皮。虽然科学的饲养管理技术为获得高品质的狐皮提供了前提保证，但良好的屠宰剥皮及毛皮初加工技术同样是获得优质狐皮的关键。某狐养殖场即将进入狐的取皮阶段，因此，需要全面掌握狐的取皮及初加工技术，以及狐皮等级评定技术。请根据所学知识和技能，为该养殖场提供一份关于狐的取皮及初加工技术的咨询报告。

任务工单

班级：＿＿＿＿＿＿＿＿ 姓名：＿＿＿＿＿＿＿＿ 学号：＿＿＿＿＿＿＿＿

<table>
<tr><td>任务名称</td><td colspan="4">狐的取皮技术与狐皮等级评定技术</td></tr>
<tr><td>任务描述</td><td colspan="4">根据实际情况，填写本任务的内容、目的、流程和方法。
任务内容：掌握狐的取皮技术、狐鲜皮的初加工技术及狐皮等级评定技术。
任务目的：认识和叙述狐的取皮技术和狐鲜皮的初加工技术。通过操作实践，掌握狐皮等级评定技术。
任务流程：收集资料并整理，让学生学会相关项目知识点的掌握和巩固；学会狐皮等级评定技术。
任务方法：收集资料并整理，小组讨论分析、总结，撰写报告。</td></tr>
<tr><td>获取信息</td><td colspan="4">为完成任务，需要掌握以下相关知识点。请收集资料，回答以下问题。
（1）狐的取皮技术。
（2）狐鲜皮的初加工技术。
（3）毛皮的质量指标。
（4）狐皮的等级评定方法。</td></tr>
<tr><td>制订计划</td><td colspan="4">（1）收集资料。
（2）整理资料。
（3）材料、工具准备。
（4）进行狐的等级评定操作练习。
（5）总结。</td></tr>
<tr><td rowspan="6">任务实施</td><td colspan="4">按照预先制订的工作计划，完成本任务，并记录任务实施的过程。</td></tr>
<tr><td>序号</td><td>完成的任务</td><td>遇到的问题</td><td>解决办法</td></tr>
<tr><td></td><td></td><td></td><td></td></tr>
<tr><td></td><td></td><td></td><td></td></tr>
<tr><td></td><td></td><td></td><td></td></tr>
<tr><td></td><td></td><td></td><td></td></tr>
</table>

任务准备

一、知识准备

（一）狐的取皮技术

1. 取皮时间

狐的取皮时间主要取决于冬毛是否成熟，一般在 11 月下旬至 12 月下旬，已成熟的狐狸皮绒毛丰厚，针毛齐立，被毛有光泽、灵活，尾毛蓬松。

在人工饲养条件下，银黑狐取皮时间为 12 月下旬，北极狐为 12 月上旬。

2. 取皮狐处死

处死方法很多，可采取电击法、折颈法、心脏注入空气法、麻醉法、化学药物毒死法、杠压胸膛法等。原则上处理要迅速，且不能污染毛绒，应趁热进行剥皮，不得长时间存放，如果存放时间过久，会使毛皮受热掉毛，影响毛皮质量。此外，冷凉的狐身不易剥皮。

（1）电击法。将狐的一个后肢吊挂起来，用连接导线的注射针头，将针头的两头分别插入两个前掌，然后接通 220 V 电源，使电流通过心脏，10~20 s 即可将狐电击死亡。此法操作方便，处理迅速，不损伤毛被，是一种理想的方法，但操作过程中一定要注意操作人员的人身安全。

（2）药物处死法。一般常用肌肉松弛剂司可林（氯化琥珀胆碱）处死，剂量为每千克体重 0.50 mg~0.75 mg，皮下或肌肉注射。注射后 3~5 min 后死亡。死亡前，动物无痛苦，不挣扎，因此不损伤和污染毛皮。残存体内的药物无毒性，不影响尸体的利用。

（3）心脏注射空气法。一人用双手固定取皮狐，术者用左手握住狐胸腔心脏位置，右手拿注射器，在心脏跳动最明显处针刺心脏，如见狐心脏血液向针管内回流，即刻注入空气 10~20 mL，狐因心脏瓣膜损坏而迅速死亡。

需要注意的是，狐皮应按商品规格要求，剥成简皮，并保留四肢完全。有些皮货商只要两条后肢完整，可将前肢从肘上部剪断。

3. 剥皮过程

（1）洗毛。用无脂锯末或粗麸皮干洗。

（2）挑裆。屠宰时，首先要挑裆，用挑刀或剪刀，从后肢肘关节处下刀，沿股内侧背腹部长短毛分界线，通过肛门前缘挑至另一后肢肘关节处，然后从尾的中线挑至肛门后缘，再将肛门两侧的皮肤挑开。

（3）抽尾骨。按要求抽出尾骨。

（4）剥皮。剥皮时，将狐作筒状由后向前剥，按照商品要求，保持耳、眼、鼻等部位的完整性，不得损伤被毛，否则将降低皮张等级。

（二）狐鲜皮张的初加工技术

为使狐鲜皮达到商品规格的要求，必须正确、适时地进行初加工。其主要步骤包括刮油、洗皮、上楦和干燥。

1. 刮油

鲜皮皮板上附着油脂、血迹和残肉等，这些均不利于对原料皮的晒晾和保管，同时还易使皮板假干、油渍和透油，从而影响狐皮鞣制和染色。

2. 洗皮

刮油后，要用小米粒大小的硬质锯末或过筛后的粗麸皮搓洗，先搓洗皮板上的附油，再将皮板翻过来洗毛被，以达到毛绒清洁、柔和、有光泽的效果。严禁使用细麸皮或有树脂的锯末洗皮。

3. 上楦

洗皮后，要及时上楦和干燥，其目的是使原料皮按商品规格要求整形，防止干燥时因收缩和折皱而造成干燥不均、发霉、压折、掉毛和裂痕等损伤毛皮。

4. 干燥

干燥室的温度一般应在 20~25 ℃，湿度在 55%~65%，干燥皮张切忌高温或强烈阳光照射，更不能让皮张靠近热源（如火炉），以免皮张胶化而影响鞣制和利用价值。

狐的毛皮质量等级评价

二、材料准备

（一）收集与狐的取皮及初加工技术相关的资料

（1）狐的取皮技术。

（2）狐鲜皮的初加工技术。

（3）毛皮的质量指标。

（4）狐的等级评定。

（二）工具准备

银黑狐和北极狐皮（商品）的一、二、三等皮张（或图片），尺子等。

三、人员准备

人员分组，每组 5 人，明确职责分工。

任务角色	任务内容
组长：	任务：
组员 1：	任务：
组员 2：	任务：
组员 3：	任务：
组员 4：	任务：

任务筹划

一、内容

明确要调查的项目并收集相关资料；明确具体操作流程及需要的工具材料，并对本任务内容做出科学评价。

二、方法

认真思考如何快速获取相关信息，统筹需要的材料和用具，进行规范操作并撰写报告。

三、流程

第一步：查找资料，了解狐的取皮技术和狐鲜皮的初加工技术。

第二步：观看视频等资料，掌握狐的取皮技术和狐鲜皮的初加工技术。

第三步：查找资料，整理毛皮的质量指标、狐的等级评定等材料，学习操作的具体技术要领。

第四步：准备材料和工具，依据标准对狐进行等级评定。

第五步：任务总结。

任务实施

步骤一：

步骤二：

步骤三：

步骤四：

任务总结：

任务检测

请扫码答题

任务评价

工作任务完成过程评价表

班级：＿＿＿＿＿＿＿＿　组别：＿＿＿＿＿＿＿＿　姓名：＿＿＿＿＿＿＿＿

项目	评分标准	自我评价	小组评价	教师评价
理论知识（30分）	了解狐的取皮技术（5分）			
	熟悉狐鲜皮的初加工技术（5分）			
	掌握毛皮的质量指标（10分）			
	掌握狐的等级评定方法（10分）			
实操技能（50分）	相关信息的收集和整理（10分）			
	掌握狐的处死方法及鲜皮的初加工技术（15分）			
	能够正确确定毛皮的质量评定标准（15分）			
	能够正确操作狐的等级评定（10分）			
思政素养（20分）	能够从全局上筹划相关事项或行动的具体安排（10分）			
	深刻理解在生产活动中，既要遵循自然规律，又要积极认识自然规律（10分）			
合计（100分）				
自我评价与总结				
教师点评				

任务五　毛皮兽常见病的防治

任务导入

毛皮动物通常具有较强的疾病抵抗力，只要饲养合理，管理得当，卫生等条件良好，疾病发生的概率相对较低。然而，随着家养兽群的迅速扩大，由于人为提供的条件参差不齐，一些疾病也开始在兽群中传播或发生。某毛皮动物养殖场主要养殖狐、貉、貂 3 种动物。请根据所学知识和技能，对该养殖场制订一份狐、貉、貂的疾病防治方案。

任务工单

班级：__________ 姓名：__________ 学号：__________

<table>
<tr><td>任务名称</td><td colspan="4">毛皮兽常见病的防治</td></tr>
<tr><td>任务描述</td><td colspan="4">根据实际情况，填写本任务的内容、目的、流程和方法。
任务内容：结合所学知识，为该毛皮动物养殖场拟订一份狐、貉、貂的疾病防治方案。
任务目的：以本次任务为契机，掌握毛皮兽常见病的临床特征、诊断要点、防治措施，为今后毛皮兽的养殖打下坚实的基础。
任务流程：查找并收集相关内容知识点资料，查阅资料信息，分组调查研究，小组讨论分析，撰写方案。
任务方法：收集资料并整理，小组讨论分析，撰写方案。</td></tr>
<tr><td>获取信息</td><td colspan="4">为完成任务，需要掌握以下相关知识点。请收集资料，回答以下问题。
（1）毛皮兽常见的传染病。

（2）毛皮兽常见的寄生虫病。

（3）该毛皮动物养殖场的基本情况。

（4）毛皮兽常见病的防治措施。</td></tr>
<tr><td>制订计划</td><td colspan="4"></td></tr>
<tr><td rowspan="6">任务实施</td><td colspan="4">按照预先制订的工作计划，完成本任务，并记录任务实施的过程。</td></tr>
<tr><td>序号</td><td>完成的任务</td><td>遇到的问题</td><td>解决办法</td></tr>
<tr><td></td><td></td><td></td><td></td></tr>
<tr><td></td><td></td><td></td><td></td></tr>
<tr><td></td><td></td><td></td><td></td></tr>
<tr><td></td><td></td><td></td><td></td></tr>
</table>

任务准备

一、知识准备

（一）水貂阿留申病

1. 概念及临床特征

水貂阿留申病是由阿留申病毒引起的一种慢性消耗性传染病，其特征为浆细胞增多、γ－球蛋白增高、持续性毒血症、动脉炎、肾小球肾炎和肝炎。该病毒主要侵害肾脏。

2. 诊断要点

（1）流行特征。各品系的貂都可感染阿留申病，但遗传类型与本病的易感性有密切关系，其中阿留申品系发病率和致死率更高，其他品系的貂易感性较低，大多呈隐性感染。病貂和隐性感染貂是本病的主要传染源。病毒长期存在于病貂和带毒貂体内，随粪便、尿液、唾液和其他分泌物排出体外，污染环境、饲料、水源、用具等，通过消化道、呼吸道黏膜、皮肤创伤感染；也可通过母貂胎盘垂直传递给后代，造成后代显性或隐性感染；蚊虫等节肢动物及预防接种针头也可能是传播媒介。本病常年都可发生，但秋冬季节发病率和病死率较高。成年貂的感染率比幼年貂高，公貂的感染率比母貂高。慢性感染的母貂常不受胎或产仔异常，所产子貂多在2周内或2~4个月内死亡；公貂睾丸发育不良。

（2）临床症状。本病潜伏期相当长，平均60~90 d，有的长达7~9个月，甚至1年或更长时间仍不表现临床症状。临床表现分为急性和慢性两种。

①急性型。多见于阿留申品系貂，病程2~3 d。病貂食欲减退或丧失，精神沉郁，逐渐消瘦，濒临死亡时抽搐、痉挛、共济失调。

②慢性型。表现为病貂被毛粗乱无光，眼窝下陷，精神极度沉郁，食欲时好时坏，饮欲剧增，进行性消瘦，可视黏膜苍白，鼻镜、爪垫呈灰白色。齿龈、软腭、硬腭常有出血和溃疡。后期常排煤焦油样粪便，贫血严重，呈恶病质样，有的伴有急性型的神经症状，最后多因尿毒症死亡。

（3）病理剖检。病貂肾脏高度肿大，色淡，被膜易剥离，质地较软，表面光滑，皮质部有出血点；慢性病例肾脏萎缩，表面凹凸不平，散有黍粒大灰白色坏死灶。肝脏肿大，边缘钝，质地软；慢性病例肝脏黄染，呈黄褐色或土黄色，表面有灰白色坏死灶。脾脏肿大，被膜紧张，切面白髓清楚；慢性病例脾脏缩小，边缘锐利。体表及内脏淋巴结肿胀、多汁。本病的特征性组织学变化是所有脏器浆细胞异常浸润，常在血管周围形成套管，患肾小球性肾炎或坏死。

（4）实验室诊断。根据临床症状和病理变化可初步诊断本病。阿留申病的特异性诊断方法有对流免疫电泳试验、碘凝聚试验、补体结合试验及酶联免疫吸附试验等。其中对流免疫电泳试验和碘凝聚试验是当前诊断本病的主要方法。

3. 防治措施

（1）治疗。

①早期用聚肌胞治疗，每次肌注 0.1~0.2 mg。第 1 疗程每次间隔 3 d，共注射 7 次，第 2 疗程每次间隔 5 d，共注射 3 次；第 3 疗程每次间隔 6 d，共注射 12 次。

②用多核苷酸、肝制剂、维生素 B_{12} 及抗生素治疗可缓解症状。

（2）预防。对阿留申病的防治，目前尚无特异、有效的方法。必须采用综合性防治措施。一要定期对貂场用具、舍笼、食具、地面消毒；二是每年留种和配种前对全场貂用对流免疫电泳等方法检疫，淘汰阳性貂，选留双亲阴性的子代做种用；三是严禁从有疫情的貂场引种，引进的貂需隔离检疫，确认健康者方可混群饲养。

（二）自咬症

1. 概念及临床特征

自咬症是一种主要发生于毛皮兽的代谢疾病，特征为反复出现极度兴奋和啃咬自己身体的异常行为。水貂和狐多见此病，其病因尚不明确，有人认为是寄生虫或病毒感染所致，有人认为是应激反应性疾病或中枢神经机能障碍，也有人认为是肛门囊（骚腺）阻塞所致。目前，多数人倾向于营养代谢性疾病。

2. 诊断要点

（1）流行特征。本病常年发生，但以配种期、妊娠期、产仔泌乳期及秋季换毛期发病率最高。

（2）临床症状。患兽神经兴奋增高，表现不安，在兽笼内来回奔跑，不断旋转，咬自己的尾巴、四肢或其他部位，对外界刺激敏感性也增强。兴奋表现可能反复发作，间隔时间不定，有时一天数次，通常为半个月左右或更长，间隔期无异常表现。严重者狂暴地撕咬自己的尾巴、后肢、臀部、腹部，并发出强烈的嘶叫声，咬掉被毛，咬伤皮肤和肌肉，甚至咬断尾巴、后肢，撕破腹壁，咬出肠管而死亡。

3. 防治

（1）治疗。本病目前尚无特异性疗法，可选用下列方法单独或配合治疗。

①盐酸氯丙嗪 5~15 mg，维生素 B_1 10~30 mg，青霉素 10 万 ~20 万 IU，烟酰胺 10~50 mg，1 次肌注。

②用 0.1% 高锰酸钾液皮下注射，每天 1.5~4 mL，连续 3 d；盐酸氯丙嗪 5~25 mg，乳酸钙 4~8 mg，维生素 C 10~30 mg，维生素 B_1 10~50 mg，葡萄糖 0.5 g，烟酰胺 50~100 mg，混合分为 2 份，拌于饲料中饲喂。

③ 1%~2% 盐酸普鲁卡因 0.5 mL，臀部肌肉或尾根皮下注射，每日 1 次，连用 3 d。

④用 5% 碘酊涂擦创面，并撒布高锰酸钾粉；以 3%~5% 敌百虫溶液涂擦患部或浸湿患部。

⑤将乌蛇处死，浸入 500 mL 浓度为 60% 的酒精中，7 d 后每次取该药酒 3 mL 混于饲料中饲喂，每日 2 次，连续 3~5 d，同时在咬伤处涂擦该药酒。

其他常见病介绍

⑥用齿凿或齿剪切断病兽的犬齿，将病兽集中于安静处，注意饲料的新鲜度和多样化，并补加必要的维生素和微量元素。

⑦凡患过自咬病的母兽连同同窝仔兽在取皮时淘汰，不留做种用。

（2）预防。

①加强饲养管理，坚持用全价料饲喂毛皮兽。

②减少应激因素，定期对动物进行内外性驱虫。

二、材料准备

收集与毛皮兽常见传染病、寄生虫病和该毛皮动物养殖场的基本情况相关的资料。

三、人员准备

人员分组，每组 5 人，明确职责分工。

任务角色	任务内容
组长：	任务：
组员 1：	任务：
组员 2：	任务：
组员 3：	任务：
组员 4：	任务：

任务筹划

一、内容

明确要调查的项目，认真思考如何快速获取相关信息，统筹需要收集的材料。

二、方法

认真思考如何快速获取相关信息和需要收集的材料，小组讨论分析，总结后提出防治措施。

三、流程

第一步：查阅资料，了解毛皮兽常见的传染病、寄生虫病和普通病。

第二步：查找相关资料，整理收集该毛皮动物养殖场的基本情况。

第三步：查找相关资料，收集毛皮兽常见疾病防治的方法。

第四步：小组讨论分析，总结后提出防治措施。

第五步：任务总结。

任务实施

步骤一：
步骤二：
步骤三：
步骤四：
任务总结：

任务检测

请扫码答题

任务评价

工作任务完成过程评价表

班级：__________ 组别：__________ 姓名：__________

项目	评分标准	自我评价	小组评价	教师评价
理论知识（30分）	了解毛皮兽常见传染病、寄生虫病、普通病（10分）			
	掌握毛皮兽常见传染病、寄生虫病、普通病的概念和诊断方法（10分）			
	掌握毛皮兽常见疾病的防治方法（10分）			
实操技能（50分）	相关信息的收集、整理和分析（15分）			
	能够正确叙述本任务要求掌握的具体知识点（15分）			
	操作态度积极主动，服从安排（10分）			
	能够给出毛皮兽养殖场疾病防治的方案（10分）			
思政素养（20分）	能够从全局上筹划相关事项或行动的具体安排（10分）			
	树立预防为主、群防群治的思维方式（10分）			
合计（100分）				

（续表）

自我评价与总结	
教师点评	

项目七 淡水鱼养殖与疾病防治

项目导读

淡水养殖具有悠久的历史，特别是在长江、黄河中下游地区的农业中占有很重要的地位，为地区经济的发展作出了贡献，创造了较高的经济效益。随着居民生活水平的提高和健康意识的增强，人们对于淡水鱼的需求也在不断增加，这就为淡水鱼养殖业提供了广阔的市场。

青海省地处被誉为“地球第三极”的青藏高原，其典型的地域特征是高海拔、低氧、强紫外线辐射和冬季低温；同时，青藏高原也被誉为“三江之源”，水系广布，水质清洁：冷凉气候和纯净无污染的水域，让青海成为养殖冷水鱼条件最好的地区之一。冷水鱼产业不仅是青海省近年来的新兴产业，更是绿色生态产业。网箱养殖不仅成为青海的特色产业，而且在农牧业现代化方面走在了前列，在实施乡村振兴战略中，凸显出产品优势，将在更高的发展水平上参与市场竞争，稳步走向高品质的发展道路。

知识目标

（1）了解我国淡水鱼养殖的常见品种。
（2）了解我国常见淡水鱼养殖品种的生物学特性。
（3）熟知淡水鱼养殖常见的几种模式。
（4）了解不同养殖模式下鱼类的饲养管理。
（5）掌握常见淡水养殖鱼的人工繁殖过程。
（6）了解冷水鱼养殖品种的生物学特性及饲养管理。
（7）掌握裸鲤饲养管理技术。
（8）掌握常见养殖鱼类的病害特征。

技能目标

（1）能够识别常见淡水养殖鱼的品种。

（2）能够准确判断常见淡水养殖鱼的生长及繁殖习性。

（3）能够根据淡水鱼类的生活习性及养殖环境，正确选择养殖模式。

（4）能够正确选择淡水鱼的养殖品种及养殖场地。

（5）能够准确判断常见淡水养殖鱼类的性成熟程度，并选择正确的催产剂进行催产，完成人工授精。

（6）能够完成裸鲤的人工授精及饲养管理。

（7）能够准确判断常见淡水养殖鱼类的疾病，并能够做到对症用药。

素质目标

（1）我国的渔业已进行了历史性变革并取得了巨大的成就，在保障农产品供给和食品安全、增加农民收入和农村就业、维护国家海洋权益等方面发挥了重要作用，须培养学生的家国情怀、文化自信。

（2）中国的水产养殖行业发展历程承载着人民的艰苦奋斗精神，前辈的伟大贡献和光辉事迹激励着无数后来人，须培养学生不怕困难、艰苦奋斗的精神。

（3）生态养殖模式的推广为树立“绿水青山就是金山银山”的生态文明建设理念提供了有力支撑。

（4）通过讲解水产养殖违法使用违禁渔药的案例，使学生认识到水产工作者应该具有责任意识和良好的职业道德，并培养学生自觉遵守渔业法律、法规，树立知法、守法、敬法的职业意识。

任务一　高原淡水鱼的品种和生物学特性

任务导入

中国渔业突飞猛进的发展始于20世纪80年代开启的农村土地承包到户，自此养鱼业的总产量逐年提高。截至2020年，我国渔业经济总产值27 543.47亿元，水产品总产量6 549.02万吨。因此，中国是当今世界淡水鱼养殖业最为发达的国家，无论是养殖面积 还是总产量都居世界领先地位。在淡水鱼养殖生产过程中，养殖水体的水质条件好坏是养殖成败的关键因素之一。水作为鱼类的生存介质，虽然为其提供了立体的生存、生活、繁衍空间，但不同的鱼类对水环境中一些理化因素的要求也存在着差异。因此，了解养殖鱼类对水环境的要求及水体中多种因素之间联系与制约的关系，有助于在养殖鱼技术上采取合理的措施，改善养殖鱼类的生活环境，提高生产效益。

请根据青海省的气候环境条件和水系分布，选择适合养殖的鱼类品种，并给出养殖建议。

任务工单

班级:________ 姓名:________ 学号:________

任务名称	高原淡水养殖鱼的品种和生物学特性
任务描述	根据实际情况，填写本任务的内容、目的、流程和方法。 任务内容：高原淡水养殖鱼的品种选择。 任务目的：认识和掌握常见淡水养殖鱼的品种；掌握常见淡水养殖鱼的生物学特性及其饲养管理模式；掌握常见淡水鱼的养殖模式。 任务流程：查阅并收集常见淡水养殖鱼的品种资料，通过对不同养殖鱼类的生物学特性及饲养管理要点的学习，结合青海的气候环境条件，选择合适的品种，并给出相关养殖模式的建议。 任务方法：对不同地区的气候环境条件进行分析，并结合当地饮食习惯选择适合的淡水鱼养殖品种，确定养殖模式。
获取信息	为完成任务，需要掌握以下相关知识点。请收集资料，回答以下问题。 （1）常见淡水养殖鱼的品种有哪些？其生物学特性是什么？ （2）常见淡水鱼的养殖模式有哪些？ （3）如何选择适合的高原淡水鱼养殖品种及养殖场地？ （4）青海省的气候环境条件是什么样的？水系分布如何？
制订计划	

（续表）

任务实施	按照预先制订的工作计划完成本任务，并记录任务实施过程。			
	序号	**完成的任务**	**遇到的问题**	**解决办法**

任务准备

一、知识准备

（一）青海省的主要经济鱼类

青海省共有 48 种青藏高原特有的鱼类。21 世纪 70 年代以前，以青海湖裸鲤（俗称“湟鱼”）、花斑裸鲤（俗称“大嘴湟鱼”）和极边扁咽齿鱼（俗称“小嘴湟鱼”）为主要经济鱼类。同时，青海省先后引进了鲤鱼、鲫鱼、鲢鱼、鳙鱼、草鱼、团头鲂等传统经济鱼类并试养成功。21 世纪 90 年代以后，青海省又引进了虹鳟、池沼公鱼、大银鱼、金樽鱼、高白鲑、三文鱼等冷水性名贵的优良鱼种，促进和丰富了青海省冷水渔业的开发。目前，青海省冷水性渔业的发展呈现出起步晚、起点高、效益高，发展前景广阔的特点。

（二）我国常见淡水鱼养殖品种

我国常见的淡水鱼养殖品种主要包括“四大家鱼”（青鱼、草鱼、鲢鱼、鳙鱼）、鲤鱼、鲫鱼、团头鲂（武昌鱼）、泥鳅、罗非鱼、大黄鱼等。

1. 青鱼（图 7–1）

（1）形态特征。近圆筒形，前腹部圆而无腹棱，鳃耙疏短。体被较大的六角形圆鳞，体色呈青黑色，背部较深呈乌黑色，腹部较浅呈灰白色。雄鱼的胸鳍鳍条较粗大而狭长，自然呈尖刀形；雌鱼的胸鳍鳍条较细短，自然张开稍呈扇形。生殖季节，雄鱼的胸鳍内侧及鳃盖上会出现追星。

图 7–1　青鱼

（2）生态习性。温水性淡水鱼，栖息于水体中下层，适宜生长温度为 15~32 ℃，最适生长温度为 24~28 ℃。主要觅食螺、蚌等，也吃虾类和水生昆虫。

（3）生长速度。在池塘养殖的条件下，第一年可长 50~150 g，第二年可长 500~750 g。食用鱼规格为 2~5 kg，养殖周期为 2~4 年。

（4）繁殖习性。在长江流域，雌鱼通常 4~5 龄，体重 1.5 kg 左右达到性成熟，雄鱼一般比雌鱼早一年达到性成熟。最适产卵水温为22~28 ℃，低于18℃时不产卵。雌鱼刚产出的卵是淡青色、无黏性的，受精后在流水中呈半漂浮状态。

2. **草鱼**（图7-2）

（1）形态特征。亚圆筒形，鳃耙疏短，齿侧扁呈梳状，两侧有锯齿。体被较大圆鳞，体色背部呈青灰色。

（2）生态习性。温水性淡水鱼，栖息于水体中下层，最适生长温度为24~28 ℃，草食性。

（3）生长速度。食用鱼规格一般为1.0~1.5 kg，养殖周期为2~4年。

（4）繁殖习性。生殖期为每年的4—7月，5月比较集中，水温在18 ℃左右时可大规模产卵，但不能在静水中产卵，卵受精后会顺水漂流。

图7-2 草鱼

3. **鲢鱼**（图7-3）

（1）形态特征。体长而侧扁，鳃耙细而致密，同侧的鳃耙彼此相连呈海绵状，口腔后方有螺旋形鳃上器官。体被细小的圆鳞，体色背部稍带青灰。雄鱼的第一鳍条上明显生有一排骨质细小栉齿。

（2）生态习性。温水性淡水鱼类，栖息于水体上层，滤食性，性情急躁好动。

（3）生长速度。在长江中，1龄体重可达0.49 kg，2龄体重可达2.03 kg，食用规格为0.5~1.0 kg。

（4）繁殖习性。性成熟年龄：长江流域4龄；珠江流域稍早，雄鱼早于雌鱼达到性成熟。生殖期为5—6月，卵具有漂浮性。

图7-3 鲢鱼

4. **鳙鱼**（图7-4）

（1）形态特征。体长侧扁，头圆而大，约为体长的1/3，口腔上方有螺旋形鳃上器官，鳃耙排列细密。体被细小的圆鳞。雄鱼的第一鳍条上缘生有向后倾斜的锋口。

（2）生态习性。温水性淡水鱼类，栖息于水体上层，性情温和，行动迟缓，滤食性。

（3）生长速度。在长江流域，1龄体重可达0.27 kg，2龄体重可达2.60 kg，食用规格一般为0.5~1.0 kg。

（4）繁殖习性。性成熟年龄在长江流域为5龄，每年的5—6月为繁殖季节，产漂流性卵。

图 7-4 鳙鱼

5. 鲤鱼（图 7-5）

（1）形态特征。体高侧扁，口角有须，颌须为吻须的 1 倍长，鳃耙短。体被圆鳞，体色背部呈暗黑色，腹部呈浅灰色，体侧鳞片后缘有黑斑。

（2）生态习性。温水性淡水鱼类，栖息于水体底层，适应能力强，杂食性偏动物性。成鱼主要以各种底栖动物为食。

（3）生长速度。在池塘养殖条件下，当年鱼可长到 250~800 g。

（4）繁殖习性。性成熟年龄一般为 2 冬龄，每年的 3~5 月是繁殖季节，产黏性卵。

图 7-5 鲤鱼

6. 鲫鱼（图 7-6）

（1）形态特征。体高侧扁，鳃耙细长而排列紧密。体被圆鳞，体色背部呈银灰色，腹部呈银白色。

（2）生态习性。杂食性，栖息于水体底层。

（3）生长速度。在池塘养殖条件下，1 龄鲫的体长可达 15~20 cm。

（4）繁殖习性。在华东、华南地区，1 龄鲫即可达到性成熟，生殖期可达 3~7 个月，产黏性卵。

图 7-6 鲫鱼

7. 大黄鱼（图 7–7）

（1）形态特征。体延长侧扁，体色背面和上侧面呈黄褐色，下侧和腹面呈金黄色。

（2）生态习性。广温、广盐杂食性鱼类，适宜水温为 8~32 ℃，最适水温为 18~25 ℃。

（3）生长速度。人工养殖 18 个月后，体重可达 300~500 g。

（4）繁殖习性。性成熟年龄为雄鱼 3 龄，雌鱼 3~4 龄。在同一海区有两个生殖期：春季、秋季为产卵盛期。分批产卵类型，一般分 2~3 次。

图 7–7　大黄鱼

（三）常见冷水鱼养殖品种

1. 虹鳟鱼（图 7–8）

（1）形态特征。体长形，中等侧扁，吻钝圆微突出，鳞很小，头部无鳞。鲜鱼体背侧呈暗蓝绿色，两侧呈银白色，腹侧呈白色。背面及两侧有许多大小不等的小黑斑，头部与尾鳍基部的黑斑较大。鱼体两侧条纹呈红色宽纵带状，似虹，故得其名。

（2）生态习性。凶猛的肉食性鱼类，幼鱼阶段以食浮游动物、底栖动物、水生昆虫为主，最适宜的水温是 12~18 ℃，稚鱼为 10 ℃，低于 8 ℃或高于 20 ℃时会出现食欲减退、生长缓慢现象，超过 24 ℃时停止摄食。

（3）生长速度。在 14 ℃水温条件下，通常满 1 年达 100~200 g，满 2 年达 40~1 000 g，满 3 年达 1 000~2 000 g；而在 9℃水温条件下，满 1 年达 40~50 g，满 2 年达 200~300 g，满 3 年达 800~1 000 g。

（4）繁殖习性。雌鱼生长至 3 龄，雄鱼至 2 龄时，性腺开始成熟，6~7 龄开始退化。产卵适宜水温在 4~13 ℃，最适水温为 8~12 ℃。雌鱼一般分多次产卵，每次产卵量为 1 500~3 000 粒。卵为圆形、沉性，卵径为 4.0~7.0 mm，橙黄色或橘黄色。

图 7–8　虹鳟鱼

2. 大银鱼（图 7–9）

（1）形态特征。体小而细长，无鳞，体前部呈圆筒形，后部侧扁。口宽大，下颌长于上颌。体透明，无侧线，腹部两侧各有一行黑色色素点。从背部看，眼圈呈金黄色；从侧面看则呈银白色。

（2）生态习性。冷温性鱼类，栖息于海水、淡水、咸淡水中。无胃型凶猛鱼类，幼鱼阶段食浮游动物的枝角类、桡足类及一些藻类，体长 80 mm 以后逐渐向肉食性转移，主要以小鱼虾为食，存在同种蚕食现象，这在食性转化阶段尤为严重。

（3）生长速度。大银鱼的生命周期为 1 年，故常以月龄计算，体长一般在 15~20 cm。

（4）繁殖习性。冬季产卵，产卵水温范围为 2~8 ℃，产卵期为每年的 12 月中旬至翌年的 3 月中下旬。

图 7–9　大银鱼

3. **高白鲑（图 7–10）**

（1）形态特征。体长稍侧扁，头小，吻尖，口端位。体被圆鳞，鳞小，颊部与胸腹鳍腋基无鳞。体色背部呈青灰色，腹部呈银白色，头部及鳃盖上有小斑点。

（2）生态习性。冷水性鱼类，对栖息的环境条件可塑性较强，可正常生活在水温 1~28 ℃的范围内，其最适温度为 15~25 ℃，比一般冷水性鱼类的适应温度范围大。滤食性鱼类，主要摄食浮游动物，也摄取部分底栖生物。

（3）生长速度。高白鲑大者体重达 3 kg 以上，是中型的经济鱼类。生长速度较快，3 年可长到 1.0~1.5 kg，含脂肪 10%~12%。

（4）繁殖习性。高白鲑是白鲑属鱼类中性成熟较早的，这取决于它的生长情况。例如，新疆赛里木湖的高白鲑，雄鱼 2 龄达到性成熟，雌鱼 3 龄达到性成熟；湖泊型高白鲑的产卵期开始于每年的 11 月下旬，产卵盛期在 12 月，结束于翌年的 1 月初。

图 7–10　高白鲑

其他主要经济鱼类介绍

二、材料准备

对青海省的淡水鱼养殖情况进行调查，包括气候环境、水质条件、养殖规模、养殖品种、养殖模式等内容。

三、人员准备

将人员分组，每组 5 人，并明确职责分工。

任务角色	任务内容
组长：	任务：
组员 1：	任务：
组员 2：	任务：
组员 3：	任务：
组员 4：	任务：

任务筹划

一、内容

根据要调查的项目，确定需要重点调查的淡水鱼养殖品种及其生物学特性、养殖规模、市场占有率等。

二、方法

认真思考如何获取更准确的信息，通过哪些渠道能够获取该信息资料，并对这些资料进行加工编纂，形成可供参考的养殖建议书。

三、流程

第一步：了解我国常见淡水鱼的养殖品种。
第二步：调查青海省的水系分布及周边的气候环境条件。
第三步：调查目前青海省养殖淡水鱼的品种及规模。
第四步：根据收集资料提出养殖建议，包括品种选择、场址选择、养殖模式等。

任务实施

步骤一：
步骤二：
步骤三：
步骤四：
任务总结：

任务检测

请扫码答题

任务评价

工作任务完成过程评价表

班级：__________　组别：__________　姓名：__________

项目	评分标准	自我评价	小组评价	教师评价
理论知识（30分）	了解我国常见淡水鱼的品种（10分）			
	掌握常见淡水鱼的生活习性（10分）			
	掌握常见淡水鱼的人工养殖模式（10分）			
实操技能（50分）	能够根据养殖淡水鱼类的生活习性选择合适的养殖场地（15分）			
	能够综合考虑养殖淡水鱼类的经济效益，选择合适的养殖模式（20分）			
	能够收集相关资料，了解青海省的水域分布情况及其淡水鱼养殖相关政策（15分）			
思政素养（20分）	能从全局层面筹划相关事项或行动的具体安排（10分）			
	能够细致认真地分析资料（10分）			
合计（100分）				
自我评价与总结				
教师点评				

任务二　高原淡水鱼养殖技术

任务导入

淡水养殖是指利用池塘、水库、湖泊、江河及其他内陆水域（含微咸水），饲养和繁殖水产经济动物（鱼、虾、蟹、贝等）及水生经济植物的生产，是内陆水产业的重要组成部分。淡水养殖的主要对象为鱼类，虾类有罗氏沼虾、海南大虾等，蟹类则主要是河蟹。我国淡水养殖的鱼类主要包括：青鱼、草鱼、鲢鱼、鳙鱼、鲤鱼、鲫鱼、鳊鱼、鲂鱼、鲮鱼、非洲鲫鱼等经济型鱼类。中国的淡水养殖面积和产量均居世界首位。

请根据任务一中选择的养殖鱼类品种，编写养殖手册。

任务工单

班级：__________　姓名：__________　学号：__________

任务名称	高原淡水鱼养殖技术
任务描述	根据实际情况，填写本任务的内容、目的、流程和方法。 任务内容：高原淡水鱼养殖技术。 任务目的：了解淡水鱼养殖模式；掌握淡水鱼的饲养管理；掌握淡水鱼的人工繁殖技术。 任务流程：查阅资料并确定淡水养殖鱼的品种，根据所选择的品种分析养殖模式、饲养管理模式、人工繁殖办法等。 任务方法：提供不同淡水养殖鱼的生活习性，了解淡水鱼的养殖过程，掌握不同淡水养殖鱼的饲养管理模式及人工繁殖过程。
获取信息	为完成任务，需要掌握相关的知识点。请收集资料，回答以下问题。 （1）淡水鱼的养殖模式主要有哪些？ （2）淡水鱼的饲养管理要点有哪些？ （3）池塘养鱼中常用的“八字精养法”指的是什么？ （4）人工繁殖的淡水鱼类，为什么要采用人工授精？如何进行？

（续表）

<table>
<tr><td>制订计划</td><td colspan="4"></td></tr>
<tr><td rowspan="6">任务实施</td><td colspan="4">按照预先制订的工作计划完成本任务，并记录任务实施过程。</td></tr>
<tr><td>序号</td><td>完成的任务</td><td>遇到的问题</td><td>解决办法</td></tr>
<tr><td></td><td></td><td></td><td></td></tr>
<tr><td></td><td></td><td></td><td></td></tr>
<tr><td></td><td></td><td></td><td></td></tr>
<tr><td></td><td></td><td></td><td></td></tr>
</table>

任务准备

一、知识准备

淡水养殖是以淡水水体（包括池塘、水库、湖泊、河沟等）为空间，投入饲料、肥料或依赖水体中的天然饵料，采用各项技术措施、饲养鱼类或其他水生动物，最终取得鱼或其他水产品，从而实现具有一定经济效益的经济活动。一般水体的面积较小而且分布广泛；适于精养，集约化程度较高，有利于人工管理和控制；以鱼类养殖为主，生产水平较高；产量较稳定，投资小、收益大。按养殖场所不同可分为池塘养殖、湖泊养殖、江河养殖、水库养殖、稻田养殖、工厂化养殖、网箱养殖、微流水养殖等；按集约化程度不同可分为粗养、半精养和精养。

（一）池塘养殖

一般是指在面积较小的封闭水体中养殖鱼类。这种经常处于静水状态的小型水体，大多由人工开挖或由天然水潭改造而成，面积一般是数亩或数十亩[①]，是中国历史上最早的养鱼方式。池塘水体较小，水质容易控制，养殖技术也容易掌握，是历来群众性养鱼采用的主要方式。池塘养鱼具有静水养鱼的特点，适宜不同栖息习性和食性的鱼类混养，不仅可以充分利用天然饵料，还可以使用施肥的方法来培养饵料，特别适合发展中国家的农业现状。池塘养鱼的关键步骤及注意事项如下。

1. 选址

选择阳光充足、通风良好、交通便利且附近没有污染源的地方，根据养殖需求和可利用空间确定池塘的大小和形状，一般不超过 1 000 平方米。池塘的深度通常保持在 1.5~2.0 m。

① 1 亩≈ 667 平方米，全书同。

需要安装水泵和修建防逃网，以保持水质清洁和预防鱼类逃跑。

2. 鱼种的选择及放养

根据地域气候、水质、鱼类习性及经济效益，选择适合当地环境条件的淡水鱼品种。将选择的鱼种在放养前进行一次整体的鱼体消毒，作为防疫措施。

3. 饲养与管理

（1）饲养与管理的基本要求。池塘养鱼的饲养与管理主要遵从“八字精养法”，即“水、种、饵、密、混、轮、防、管”8个字。其中，“水（水体）”“种（鱼种）”“饵（饵料）”，是成鱼高产养殖必备的基本条件；“密（合理密养）”“混（多品种混养）”“轮（轮捕轮放）”反映了鱼种的放养方式，是快速养鱼并获得高产、稳产的技术措施；至于“防（防治鱼病）”和“管（精心管理）”，则是成鱼高产的根本保证。这8个方面互相制约、相辅相成。其具体内容如下。

①“水”。要求水源充沛，水质良好，能灌能排，水质肥、活、嫩、爽；池塘的水面、水深均符合规定要求。

②“种”。要求鱼的品种齐、品质佳、规格大、数量足。

③“饵”。饲养的鱼类数量充足，投喂优质的饲料，包括施肥培养池塘中的天然饵料。

④“密”。按照池塘的实际条件合理投放鱼种，做到密度适宜，以充分利用水体和饲料。

⑤“混”对具有不同生活习性的鱼类进行混养，形成对水域的立体开发格局，使不同鱼种各栖其所，相得益彰。

⑥“轮”。轮捕轮放，捕大放小；或一次放足鱼种，捕大留小。

⑦“防”。立足全面预防鱼病，以防为主，做到防重于治。

⑧“管”。运用现代科学养鱼的生产管理手段，实行精细化全面的科学管理。

（2）饲养与管理的基本内容。

①基本要求。

a. 经常巡塘，观察池鱼动态。每天早、中、晚巡塘3次，观察鱼的吃食情况，及时预防“浮头”现象，防止泛池发生。

b. 保持水质清新和池塘环境卫生。池塘的水质既要较肥又要清新，且含氧量较高。要根据施肥情况和水质变化，经常适量注入新水，随时捞取池中杂物、残渣等。

c. 及时防除病害。做好清塘的工作以预防病害发生，根据天气、水温、水质、鱼类生长和吃食情况，确定投饵数量并做好疾病的预防工作。养殖过程中一旦发现病死鱼，要及时诊断原因并实施对症治疗。

d. 合理使用渔业机械，做好渔机设备的维修保养。要定期检查渔机的线路、电机等，并及时清理投饵机中的残渣剩饵。

e. 做好池塘管理记录和统计分析。成鱼的收获日期、尾数、规格、重量，每天投饵、施肥的种类和数量，以及水质管理和病害防治等情况，都要有相应的表格记录及备案，以便随时进行统计分析，及时调整养殖措施。

②合理投饵。每日的实际投饵量主要根据池塘的水温、水色、天气和鱼类吃食情况

确定，一般日投饵率在3%~6%。在投饵技术上应实行“四定”原则。

a. 定质。饲料必须质优而无霉变，营养成分齐全，搭配比例适中，且颗粒大小适口。

b. 定量。投饵应掌握适当数量，不可过多或过少，使鱼类吃食均匀。

c. 定时。投饵必须定时进行，以养成鱼类按时吃食的习惯，提高饵料的利用率。

d. 定位。投饵位置固定，使鱼类集中在一定的地点吃食，既减少饵料浪费，也便于清理残食，保证卫生，防治鱼病。

③水质管理。水质管理的一般程序是先观察水色（颜色、色度、浑浊度、透明度），再用水质检测设备对水质的各项指标做出检测，然后采取相应的措施。一般可采取合理施肥、加注新水、使用水质改良剂等方法进行水质调节。

④防治病害。对于病害要坚持“全面预防，积极治疗，防重于治”的方针。具体内容如下。

a. 做好池塘清整，加强饲养管理。

b. 保持池塘四周和塘内的清洁卫生，经常清除塘边杂草，捞出池内残饲等污物。

c. 防止有毒污水或其他发病池塘的污水流入塘内，避免引起鱼类中毒或感染。

d. 注重消毒工作，鱼种进塘前需消毒，常用工具应及时消毒，保证各种饵料优质无毒。

e. 提前预防，坚持定期进行药物泼洒消毒池水，一般每15~20 d可全池泼洒1次生石灰、漂白粉等消毒药物。定期在饲料中拌喂维生素C、多聚糖等免疫增强剂和中草药进行药物预防。

f. 发生鱼病后，应分析原因并找出病因，采取适当的治疗措施，同时及时捞出病死鱼。

4. 鱼类的人工繁殖

（1）亲鱼培育。选择性成熟的亲鱼进行人工催产，一般性腺发育良好的雌鱼外形上腹部膨大、下腹松软、泄殖孔红润，可被选作催情用鱼；当轻压雄鱼下腹部时会有入水即散开的乳白色精液流出，方可选用。

（2）注射催产剂。卵巢出现上述性状的亲鱼，须注射催情剂促其发情、产卵，常用的催情剂有促黄体生成素释放激素类似物、绒毛膜促性腺激素、地欧酮、鲤鱼脑垂体等。

（3）人工授精。

①干法人工授精。擦干鱼体，把卵子挤入干净的盆中，马上挤入雄鱼的精液搅拌，使精卵充分混合，用量筒计量卵体积后加入清水，轻搅1~2 min，静置1 min后倒去污水，用清水洗卵2~3次，即可孵化。

②半干法人工授精。同按干法人工授精的操作，将卵挤入盆中，然后一边挤入雄鱼精液一边加入生理盐水并搅拌。

③湿法人工授精。将精卵挤入盛有清水的盆中，一边挤一边摇动盆，使精卵充分混合。

（4）孵化。将受精卵置于孵化环道、孵化桶等工具中，并在孵化环道、孵化桶内形成循环不息的微流水。这样的孵化方法具有溶氧量高、容卵量大、孵化率高、劳动强度低和管理方便等优点。

（二）网箱养殖

网箱养殖是在天然水域条件下，利用合成纤维网片或金属网片等材料装配成一定形状的箱体，并设置在水体中，把鱼类等水产品高密度地养殖在箱中，借助箱内外不断的水流交换，维持箱内适合鱼类等水产品生长的环境，利用天然饵料或人工投饲培育品种或饲养水产品，这种养殖方法叫作网箱养殖。常见的养殖模式有浮网箱养殖、固定网箱养殖、浮式网箱养殖和半浮式网箱养殖。

（三）湖泊河道养殖

湖泊河道养殖是指在中小型湖泊或河道的进出水口建筑拦截设施，进行养殖。主要利用天然饵料，辅以人工施肥投饵。

（四）水库养殖

水库养殖是指利用各种类型的水库养殖鱼类等水产品。选择条件较好的库湾，在其与大库的连接处设置拦网或修筑堤坝，将库湾水面与大库分隔开。在被拦的库湾中养殖，可以有效地提高整个水库的渔业产量。

（五）稻田养殖

利用水稻田进行养殖，既可增加水产品的产量，又可消除稻田中的害虫、杂草，疏松土壤，肥沃稻田，增加水稻产量。用于养殖的稻田必须水源充足，田埂坚实，稻田的进出口要有拦截设备，田内要开挖鱼沟和鱼溜。

（六）工厂化养殖

运用机械的、电气的、化学的、自动化的现代设施，在水质、水温、水流、溶氧、光照、投饵等方面进行人工控制，创造和保持最适宜鱼类等水产品生长和发育的生态条件，使其繁殖、苗种培养、产品养殖等环节都处在人工控制的水体环境中，并可进行无季节性的连续生产。工厂化养鱼的模式主要有自流水式、循环流水式和温流水式。

二、材料准备

对青海省淡水养鱼情况进行调查，包括气候环境、水质条件、养殖规模、养殖品种、养殖模式等。

三、人员准备

将人员分组，每组 5 人，并明确职责分工。

任务角色	任务内容
组长：	任务：
组员 1：	任务：
组员 2：	任务：
组员 3：	任务：
组员 4：	任务：

任务筹划

一、内容

明确淡水养殖的主要模式；明确淡水鱼养殖的饲养与管理要点；明确人工繁殖亲鱼的选择方法；明确催产剂的配制及使用；明确人工授精的方法及步骤。

二、方法

根据选择的淡水鱼类确定养殖模式，并对其进行分析，形成养殖手册，内容包括鱼种的选择、鱼种的放养、鱼种的饲养与管理、鱼种的疾病防治、成鱼的人工繁殖等过程。

三、流程

第一步：分析常见淡水鱼养殖品种的生活习性。
第二步：对比青海省水系分布及周边的气候环境条件，选择适宜的养殖品种。
第三步：根据选择的养殖品种编写养殖手册。

任务实施

步骤一：
步骤二：
步骤三：
步骤四：
任务总结：

任务检测

请扫码答题

任务评价

工作任务完成过程评价表

班级：________________ 组别：________________ 姓名：________________

项目	评分标准	自我评价	小组评价	教师评价
理论知识（45分）	了解常见淡水鱼的养殖模式（10分）			
	掌握不同淡水鱼养殖模式的适用情况（10分）			
	掌握淡水鱼养殖的饲养与管理方法（15分）			
	掌握淡水鱼的人工繁殖方法（10分）			
实操技能（35分）	能够根据淡水养殖鱼类的生活习性确定养殖模式（15分）			
	能够根据不同的淡水鱼养殖模式，提出饲养与管理的建议（10分）			
	能够判断亲鱼的性成熟度，并完成催产及人工授精（10分）			
思政素养（20分）	能够树立“生态保护”意识（10分）			
	能够细致耐心地对待生命（10分）			
合计（100分）				
自我评价与总结				
教师点评				

任务三　虹鳟鱼的饲养与管理技术

任务导入

虹鳟鱼的肉质鲜嫩，富含高质量的蛋白质和不饱和脂肪酸，这些营养物质对人体的健康具有重要意义：蛋白质是人体细胞的基本成分，对于肌肉的生长和修复起着关键作用；而不饱和脂肪酸对心脏健康和血液循环具有积极影响。此外，虹鳟鱼还富含维生素 D、维生素 B_{12}、维生素 E 等营养物质。维生素 D 有助于骨骼的健康发育和钙的吸收，维生素 B_{12}

可促进红细胞的生成，维生素 E 是一种强效的抗氧化剂。这些营养物质的存在使得虹鳟鱼不仅美味可口，同时也具有很高的营养价值。

请调研当地的环境条件是否可以进行虹鳟鱼的人工养殖，如果可以进行人工养殖，请写出虹鳟鱼养殖手册，以供养殖人员参考使用。

任务工单

班级：________　姓名：________　学号：________

<table>
<tr><td>任务名称</td><td colspan="4">虹鳟鱼的饲养与管理技术</td></tr>
<tr><td>任务描述</td><td colspan="4">根据实际情况，填写本任务的内容、目的、流程和方法。
任务内容：虹鳟鱼的饲养与管理。
任务目的：了解虹鳟鱼的生物学特性；掌握虹鳟鱼人工养殖的饲养与管理过程；掌握虹鳟鱼的人工繁殖技术；掌握虹鳟鱼受精卵的孵化技术。
任务流程：了解淡水养殖鱼类的生物学特性，掌握其人工养殖技术。
任务方法：编写养殖手册。</td></tr>
<tr><td>获取信息</td><td colspan="4">为完成任务，需要掌握相关的知识点。请收集资料，回答以下问题。
（1）虹鳟鱼的生物学特性有哪些？
（2）虹鳟鱼人工繁殖的技术要点有哪些？
（3）食用虹鳟鱼的饲养与管理要点有哪些？
（4）虹鳟鱼的雌雄如何鉴定？</td></tr>
<tr><td>制订计划</td><td colspan="4"></td></tr>
<tr><td rowspan="6">任务实施</td><td colspan="4">按照预先制订的工作计划完成本任务，并记录任务实施过程。</td></tr>
<tr><td>序号</td><td>完成的任务</td><td>遇到的问题</td><td>解决办法</td></tr>
<tr><td></td><td></td><td></td><td></td></tr>
<tr><td></td><td></td><td></td><td></td></tr>
<tr><td></td><td></td><td></td><td></td></tr>
<tr><td></td><td></td><td></td><td></td></tr>
</table>

任务准备

一、知识准备

（一）虹鳟鱼的人工繁殖

1. 亲鱼的选择及培育

选择体质健壮、生长快、成熟好的2~4龄虹鳟鱼做亲鱼。亲鱼的放养密度为1~3尾/m²。雌雄的比例为1∶1或3∶1。饲养池的种类和规格见表7–1。

表7–1 养殖虹鳟鱼池的种类和规格

鱼池种类	面积/m²	水深/m	比例/%
幼鱼池	30~90	20~40	25
成鱼池	100~200	60~80	60
亲鱼池	150~300	70~80	15

2. 人工授精

（1）雌雄鉴别。临近产卵期的亲鱼体色发暗至黑色，体侧的彩虹带色泽鲜艳，食欲减退，雌鱼腹部膨大，雄鱼追逐雌鱼。雌雄鉴别的主要依据是亲鱼头部的吻端，吻尖者为雄鱼，吻圆钝者为雌鱼。繁殖期的雌雄鱼差异更加明显，雄鱼的体色黑、吻弯、齿大、腹硬、生殖孔不突出、尾叉浅，而雌鱼则相反。

（2）成熟度鉴别。成熟的亲鱼在繁殖季节会表现出明显的差异：雌鱼的腹部膨大、柔软、生殖孔突出红肿，当尾柄上提时，两侧卵巢下垂轮廓明显，轻压腹部会出现卵粒外流。

（3）人工授精。一般在无直射光照的条件下，可采用挤压法完成采精、采卵和授精过程。其具体操作方法：一人用双手抱住鱼的头部，另一人用手斜向握住鱼的尾柄部，将头部向上、腹部朝下对准起过滤作用的多孔采卵盆，顺着腹部到生殖孔方向由上往下挤压，直到绝大部分卵被挤出为止。采精时可用烧杯等小器皿，方法与采卵基本相同。

采到的鱼卵须立即用等渗溶液冲洗，先洗去卵中流出的卵黄物质，再进行人工授精，多采用干法授精。首先，每1万粒卵加入或挤入10 mL精液，快速而均匀地搅拌1~2 min后加入少量清水或等渗液，继续搅拌1~2 min，使卵迅速受精后静止1 h。其次，换水数次，除去过量的精子和坏卵、卵皮、血块等，直至盆中的水清洁透明。最后，待受精卵完全吸水膨胀后，再移入孵化器中进行孵化。

（4）人工孵化。受精卵在平均水温为7.5 ℃时，约需46 d才能孵出，积温为343 ℃。在不同温度下，虹鳟鱼的受精卵从发育至出现眼点（称为发眼期）、孵出所需天数见表7–2。

表7-2 水温与虹鳟鱼受精卵孵化天数情况

水温 /℃	5	6	7	8	9	10	11	12	13	14	15
从受精卵至发眼 /d	—	30	25	21	18	16	14	13	12	—	—
从受精卵至孵化 /d	76	60	50	42	36	32	29	26	24	22	20
从受精至上浮苗 /d	—	110	95	8	68	60	55	49	45	—	—

由于日光中的紫外线对虹鳟鱼卵有致死作用，故孵化时应避免日光照射。孵化用水应水质澄清、水温适宜，适温范围为 7~13 ℃，最适水温为 9 ℃。若低于 7 ℃则孵化时间长；若高于 13 ℃则发眼率低，畸形率高。高温对于受精卵的初期发育危害较大，发眼以后即使 18 ℃也能孵化而且无大碍。

3. 苗种培育

虹鳟鱼的鱼苗孵出至上浮阶段，称为仔鱼；上浮至摄食阶段，称为上浮稚鱼；摄食开始至 5 个月左右（10 g/ 尾），称为稚鱼；5 月龄至 1 年，称为当年鱼，1~2 年，称为 1 龄鱼。

（1）上浮稚鱼的饲养。上浮稚鱼一般全长 18~28 mm，体重 7~25 g，可在孵化槽中饲养，亦可移至稚鱼池中饲养，水深控制在 20 cm 左右。饲养密度为槽内 10 000 尾 /m^2，池内 5 000 尾 /m^2，注水量为每 10 万尾鱼 1 L/s 左右。

当上浮稚鱼占一半时开始投饵，最好投喂颗粒状的全价配合饲料，亦可投喂蛋黄浆。投饵时一定要精心细致，特别是在虹鳟稚鱼的卵黄囊全部吸收后的消瘦期，一定要使稚鱼都能吃到饵料。

（2）稚鱼和当年鱼的饲养。在水温偏低的条件下饲养稚鱼不易得病，且成活率高。从开始摄食至达到 1 g/ 尾规格所需时间：15 ℃时为 2 个月，10 ℃时为 2.5 个月。达到 1~2 g/ 尾规格所需时间通常是 20~30 d。以后生长速度加快，1 g/ 尾以上稚鱼的饲养密度及其所需水量见表 7-3。

表7-3 每饲养10万尾虹鳟稚鱼所需面积和水量

稚鱼规格 /g	面积 /m^2	密度 /（尾 /m^2）	注水流量 /（L/s）			
			5℃	10℃	15℃	20℃
1	60	1 600	1	2	3	6
2	80	1 200	2	3	6	14
5	106	1 000	3	7	14	24
10	125	800	7	15	26	44
15	160	625	9	22	39	65
20	170	588	12	29	52	87
25	200	500	15	35	62	108
30	205	488	17	37	70	115

（3）饲料投喂。虹蹲稚鱼越小，饲料中所需的蛋白质含量越多，饲料转化率越高。随着稚鱼的生长，可逐渐减少鱼粉等动物蛋白质的比例，增加植物蛋白的比例。虹鳟稚鱼的全价配合饲料营养成分为：粗蛋白质 46%~50%，粗脂肪 4%~15%，粗纤维 1%~3%，粗灰分 10%~16%，水分 8%~12%。

（4）日常管理。虹鳟鱼的长势不均是普遍现象，因而需要每 30~50 d 筛选一次，按大小不同规格分池饲养，以免因规格不齐，导致鱼种自相残杀。池水保持在 30~40 cm，根据稚鱼的需求及时调整注水量，使排水口溶氧量大于 6 mg/L，氨氮量小于 0.4 mg/L，并要及时清洗注排水系统及鱼池清污。

4. 食用虹鳟鱼的饲养

（1）放养密度。虹鳟鱼的池塘养殖模式多采用高密度集约化饲养。鱼种经过筛选，应规格整齐，体质健壮，以尾重在 50 g 左右为好。在饲料充足的情况下，经过 1 年的饲养，体重可增加 3~5 倍，因此要实现预定的产量，放养量必须达到年生产目标的 20%~30%。

（2）饲料投喂。在密养条件下，虹鳟鱼的营养完全依赖其所摄取的人工配合饲料，所以饲料的质量是饲养虹鳟鱼非常关键的因素。其中，要特别重视高质量蛋白质的配比，通常采用含脂肪低的鳕鱼等原料加工成的白色鱼粉，以使必需氨基酸保持平衡。

虹鳟鱼种和食用鱼选用的全价配合饲料的营养成分为：粗蛋白质 40%~45%，粗脂肪 6%~16%，粗纤维 2%~5%，粗灰分 5%~13%，水分 8%~12%，磷 0.8%，镁 0.1%，钙 0.2%，氯化钠小于 2%，并含多种维生素。

（3）日常管理。在密养条件下，应掌握好投饵量，投饵过量会导致水质污染、饲料利用率低，一般以投饵结束后 30 min 吃完为限。

注水流量是密养成功的关键因素，溶氧状况是水质管理的重要指标。适宜的流量以保证排水处溶氧在 5 mg/L 以上为准。在增氧方法上应尽可能利用各种自然落差进行跌水增氧，也可使用机械增氧。由于饲养过程中常出现规格不齐的现象，故应及时筛选，将已达到上市规格的个体捕捞出来，进行轮捕轮放，以提高单产。

（二）网箱养殖

1. 淡水网箱养殖

网箱为聚乙烯网衣，底及四周为双层，上盖单层封闭，沉子为穿纲铁块，有 5 m × 5 m × 4 m、2.5 m × 2.5 m × 1.5 m 等不同规格，网目 2.5 cm，框架用毛竹扎制成方形或机械化网箱框架。将网箱设置在流速为 0.1~0.3 m/s 的湖泊、水库或溪流中，迎水流横向排列，要求水质清新，背风向阳，便于管理。网箱于苗种入箱前 1 周下水。

选择规格整齐、体质健壮的优质鱼种。通常经 8~10 个月的饲养，尾重为 20~40 g 的鱼种可长成 200~350 g 的大规格鱼种；尾重 90~100 g 的可长到 500~800 g。放养量为：尾重 20~40 g 的可放 100~200 尾 /m^2；尾重 90~100 g 的可放 50~60 尾 /m^2。入箱前应采用常规方法进行鱼种消毒。饲养过程中做到每天观察鱼的动态和吃食情况，做好养鱼日记，以便总结经验。

2. 海水网箱养殖

由于虹鳟鱼在海水中呈银白色，生长快、病害少、肉味更鲜美，所以近些年来在我国沿海地区推广了海水网箱养殖。网箱规格有 10 m×10 m×10 m，10 m×5 m×4 m，7 m×7 m×3.5 m 等多种，通常被置于水深不超过 6 m 的海湾内。饲养期一般从每年的 10 月至翌年 6 月，放养规格为 100~120 g 的鱼种，收获时可达到 800~1 200 g。放养量 4~5 kg/m^2，生产量可达 15~25 kg/m^2。

虹鳟的生物学特性

二、材料准备

查阅资料掌握虹鳟鱼的生物学特性及人工繁殖的主要模式。

三、人员准备

将人员分组，每组 5 人，并明确职责分工。

任务角色	任务内容
组长：	任务：
组员 1：	任务：
组员 2：	任务：
组员 3：	任务：
组员 4：	任务：

任务筹划

一、内容

明确虹鳟鱼人工繁殖的主要模式及管理要点。

二、方法

通过网络养殖场实地考察等方式进行资料收集，了解虹鳟鱼的养殖要点。

三、流程

第一步：了解虹鳟鱼的生物学特性。
第二步：收集、调查虹鳟鱼养殖的基本模式。
第三步：收集、调查虹鳟鱼的人工养殖要点。
第四步：根据收集的资料写出养殖手册。

任务实施

步骤一：
步骤二：
步骤三：
步骤四：
任务总结：

任务检测

请扫码答题

任务评价

工作任务完成过程评价表

班级：________________ 组别：________________ 姓名：________________

项目	评分标准	自我评价	小组评价	教师评价
理论知识（35分）	了解虹鳟鱼的生物学特性（10分）			
	掌握虹鳟鱼养殖的基本模式（10分）			
	掌握虹鳟鱼人工养殖的要点（15分）			
实操技能（45分）	能够正确提供适宜虹鳟鱼生活的基本条件（15分）			
	能够给出适宜当地环境条件的虹鳟鱼人工养殖模式（15分）			
	能够给出合理的虹鳟鱼人工养殖管理模式（15分）			
思政素养（20分）	树立“绿水青山就是金山银山”的生态文明理念，鼓励行业向绿色生态方向发展（10分）			
	进一步规范渔业养殖模式，保护水体环境（10分）			
合计（100分）				
自我评价与总结				
教师点评				

任务四　青海湖裸鲤的饲养与管理技术

任务导入

20 世纪 60—70 年代，受人为大量捕杀、河道萎缩、裸鲤繁殖水域日益退化等因素影响，青海湖裸鲤的数量锐减；由于青海湖低温缺氧、浮游生物匮乏，导致裸鲤的生长十分缓慢，且繁殖能力较低。截至 2002 年，青海湖裸鲤（图 7–11）的资源蕴藏量仅为 2 592 吨，一旦资源枯竭，恢复起来就十分不易。因此，自 1982 年起，青海省政府运用行政手段连续采取了 5 次禁渔措施，开展人工增殖放流，将裸鲤在自然繁殖下仅有 2‰的成活率提升至 80%。截至 2022 年，青海湖裸鲤的资源蕴藏量已由 2002 年的 0.26 万吨恢复到 2022 年的 11.41 万吨，是保护初期的 44 倍。

请你作为青海湖裸鲤救护中心的工作人员，为某小学的劳动实践课程介绍裸鲤人工增殖的过程。

图 7–11　青海湖裸鲤

任务工单

班级：________　姓名：________　学号：________

任务名称	青海湖裸鲤的饲养与管理技术
任务描述	根据实际情况，填写本任务的内容、目的、流程和方法。 任务内容：了解青海湖裸鲤的人工繁殖技术。 任务目的：了解青海湖裸鲤的生物学特性；掌握青海湖裸鲤的人工繁殖技术。 任务流程：了解青海湖裸鲤的生物学特性，掌握青海湖裸鲤的人工繁殖技术。 任务方法：完成青海湖裸鲤的人工繁殖介绍。
获取信息	为完成任务，需要掌握相关的知识点。请收集资料，回答以下问题。 （1）青海湖裸鲤的生物学特性有哪些？

（续表）

<table>
<tr><td>获取信息</td><td colspan="4">（2）青海湖裸鲤人工繁殖的技术要点有哪些？

（3）青海湖裸鲤的孵化要点有哪些？

（4）青海湖裸鲤的雌雄如何鉴定？</td></tr>
<tr><td>制订计划</td><td colspan="4"></td></tr>
<tr><td rowspan="6">任务实施</td><td colspan="4">按照预先制订的工作计划完成本任务，并记录任务实施过程。</td></tr>
<tr><td>序号</td><td>完成的任务</td><td>遇到的问题</td><td>解决办法</td></tr>
<tr><td></td><td></td><td></td><td></td></tr>
<tr><td></td><td></td><td></td><td></td></tr>
<tr><td></td><td></td><td></td><td></td></tr>
<tr><td></td><td></td><td></td><td></td></tr>
</table>

任务准备

一、知识准备

（一）亲鱼的选择与培育

1. 亲鱼的选择

可直接从青海湖的布哈河、沙柳河、黑马河采捕体质健壮、体色鲜艳、鳍鳞完整、无伤无病的亲鱼；可在池塘中用饲料强化培育或使用催产药物促使其性腺成熟。用于进行人工繁殖的雌鱼需 4 龄，体重 200 g 以上；雄鱼需 3 龄，体重 150 g 以上。

2. 池塘条件

亲鱼的培育通常在池塘进行，池型为长方形，东西长、南北宽，池底平坦，注、排水方便，水质清新。面积 3~5 亩为宜，水深 1.5~2.0 m。放鱼前 10 天每亩用生石灰 120~150 kg 清塘消毒后注入新水，鱼池增氧设备齐全。放养密度一般为 100~150 kg/ 亩。

3. 亲鱼的培育

亲鱼培育池的用水须保证水质良好无污染，且排、注水方便。由于青海湖裸鲤喜清新、富氧水质，所以透明度要达到 40 cm 以上，溶氧量要长期保持在 5 mg/L 以上。亲鱼入塘一周后进行人工驯化。投喂采用“四定”原则，每天进行 4 次投喂，时间分别为 9：00、12：00、15：00、18：00，每次投喂时间不少于 30 min。夏季日饵率控制在 2% 左右，冬季日饵率控制在 1% 左右。定期进行水体交换，透明度控制在 40 cm 左右，保证池水“肥、活、嫩、爽”。每天早、中、晚 3 次巡塘，准确掌握鱼的摄食、活动、生长、疾病等情况，发现问题及时解决，并做好池塘日志。

（二）人工授精

1. 雌雄的鉴别

性成熟雌鱼的腹部膨大，有明显的卵巢轮廓，下腹部松软有弹性，生殖孔红润，轻压后腹部会有少量卵粒流出，繁殖季节体表后部有少量“追星”。雄鱼在繁殖季节鳃盖、臀鳍和尾柄部会出现大量的“追星”，手感粗糙，轻压后腹部时，泄殖孔会有乳白色精液流出，遇水即散。

2. 性成熟度的鉴别

在繁殖季节，青海湖裸鲤亲鱼卵巢的发育Ⅱ期、Ⅲ期和Ⅳ期的个体同时存在，池塘中人工培育的亲鱼卵巢的发育基本在Ⅲ期和Ⅳ期。Ⅳ期的亲鱼当年可以产卵，Ⅲ期的经人工催情后也可以产卵。同龄鱼种中雄性较雌性成熟早。处于Ⅳ期的亲鱼腹部膨大饱满、柔软，卵巢轮廓明显，生殖孔微红突出，轻压腹部有卵粒或白色精液流出，冲水或注射少量药物可使其产卵；处于Ⅲ期的亲鱼腹肌厚而结实，腹部略显饱满，轻压腹部无卵粒或精液流出，可进行催情产卵。

3. 人工催产

（1）催产前的准备。使用直径 8~10 m 圆形池，池深 1.2 m，池底从四周向中心倾斜，进水管直径 10~12 cm，与池壁切线成 45 度，沿池壁注水。池壁光滑，池底平坦，水流顺畅。要具备冲水口、产卵池和集卵池 3 个部分。池底要有一定坡度，以利于收卵。

（2）药物注射。在亲鱼性腺成熟并达到Ⅳ期的情况下，进行人工催产才可获得最佳效果。催产剂量根据亲鱼的性腺发育程度确定，雄鱼的剂量是雌鱼的一半。常用催产剂包括绒毛膜促性腺激素（HCG）、促黄体素释放激素类似物（LRH~A_2）、马来酸地欧酮（DOM）等。催产剂一般注射两针：第一针的注射多在 16：00—17：00，两次注射时间一般间隔 8~10 h。可采用体腔注射或肌肉注射，剂量须视亲鱼的成熟情况、鱼体大小确定。

（3）效应时间。效应时间是指从亲鱼最后一次注射催产剂到其发情产卵的时间。效应时间的长短取决于催产剂的种类、剂量、水温、亲鱼年龄及其性腺成熟度。水温在 16.0~17.5 ℃时，效应时间约为 20 h，当水温在 19.0~20.5 ℃时，效应时间为 12~24 h；水温在 22.0~24.0 ℃时，效应时间为 6~10 h。催产剂注射 4 h 后，应每隔 1 h 检查亲鱼 1 次，当接近效应时间时，应每 30 min 检查一次。

4. 人工授精

当达到效应时间时，可对即将产卵的亲鱼进行人工挤卵：将雌鱼捞起后擦干腹部，一手抱头，另一手按住生殖孔，以拇指和食指在其腹部由上往下轻轻推挤，直至卵粒不能自然流出为止。同时，对成熟的雄亲鱼进行采精，并用羽毛轻柔地搅动 30 s 左右，使精卵充分接触，将受精卵脱黏后放入孵化容器中孵化。

因青海湖裸鲤产的卵为黏性卵，为防止受精卵黏结成块，提高孵化率，所以在孵化前需先进行脱黏。一般采用以下方法进行。

（1）泥浆脱黏法。用黄泥土混合成泥浆水，一般 5 kg 水加 0.5~10 kg 黄泥，经 40 目网布过滤，去掉沙石杂物后，兑成 15%~20% 的稀泥浆水，然后将受精卵慢慢倒入泥浆水中，一边倒一边搅动，使鱼卵均匀分布在泥浆水中，经 3~5 min 搅拌后移入网箱中洗掉泥浆后将受精卵放入孵化器中孵化。

（2）滑石粉脱黏法。将 100 g 滑石粉，即硅酸镁加 20~25 g 食盐放入 10 L 水中，搅拌成混合悬浮液后可放入受精卵 1.0~1.5 kg，一边向悬浮液中慢慢倒入卵，一边用羽毛缓慢地搅拌，经半小时的搅拌后，将鱼卵用清水漂洗，即可放入孵化器中孵化。

（3）清水机械脱黏法。将 500 g 受精卵先加入 100~150 mL 水，用人工或机械带动羽毛，搅拌 1 min 后加入 500 mL 水，再迅速地搅拌 2~3 min 后加入 1 000~1 500 mL 水，继续搅拌 25~30 min，即可脱去黏性。用此法脱黏，可以避免脱黏剂颗粒对卵膜的损伤，从而减少水霉病的感染，而且卵粒透明，更加便于观察胚胎发育。

（4）食盐脱黏法。将受精卵放入相当卵体积 3~5 倍的 0.6% 食盐水中，经过 0.5~1 h 的搅拌后即可脱黏。

5. 孵化

将经过脱黏处理的受精卵移入流水孵化槽中进行孵化，一般 1 个长孵化槽放置 6 个孵化箱，在第 1 个孵化箱里设置海绵用于过滤水，受精卵则放置在其他 5 个孵化箱内，孵化箱规格为 47 cm × 47 cm × 15 cm。孵化箱的底部有小孔，当仔鱼破膜后，由小孔落入孵化槽，再随水流经集苗管流到集苗处，等待发育成稚鱼。每个孵化槽放置 40 cm × 40 cm × 15 cm 孵化盘 5 只，每只孵化盘可盛卵 2 万粒。

鱼卵在孵化过程中，如果水质不好容易引发水霉病，因此在孵化前要对受精卵进行消毒，可用质量分数为 0.002% 的高锰酸钾全池遍洒，用以杀灭水霉菌；或用 3%~5% 的食盐溶液浸泡鱼卵 3~5 min 后，将鱼卵放入孵化槽中孵化。孵化的适温范围为 5~21 ℃，最适温度为 16~19 ℃，须采用 70 目筛过滤孵化用水，其水流流速以受精卵能够均匀地漂浮在孵化桶中上部为宜，孵化 34 h 左右，胚胎发育到原肠期后，可适当加大流速以防止鱼卵缺氧。

在水温 16~19 ℃条件下，经 136 h 左右仔鱼即可出膜。出膜后的仔鱼会随水流集中于集苗处，静卧水底约 3d，由卵黄提供营养。此时的仔鱼游泳能力弱，容易被水流冲起黏附在拦网上，所以需随时检查处理被黏附在拦网上的仔鱼，以免其死亡。约 3 d 后，仔鱼消耗完卵黄开始平游，进入稚鱼期，并开口摄食。

（三）鱼苗的培育

1. 鱼苗池的选择

池塘应为东西走向，光照充足，面积为 3~5 亩，水深 0.8~1.2 m，池底平坦，淤泥厚度小于 20 cm。池塘不仅应有利于早期水温的提高，更有利于初级生产力的提高，增加浮游植物生产量，为鱼苗生长提供更多的饵料基础。在鱼苗培育过程中需要不断注水，逐步提高水位，以增加鱼苗的活动空间；还要视鱼苗生长状况和水质变化经常换水或加注新水，使池水的透明度达 25~30 cm，调节和改善水质，以促进饵料生物的繁殖，促进鱼苗生长。

2. 放养前的准备

（1）池塘清整。排干池水，暴晒池底，清除杂物与淤泥。在鱼苗下塘前 2 周用生石灰清塘，在杀死病原菌的同时，还能起到施肥的作用。一般水深 0.2 m，生石灰用量为 70~100 kg/ 亩，清池后的鱼苗池水深应调整为 0.6~0.8 m，注水时应用密网过滤。

（2）施肥。放鱼前 7~10 d，向池内施粪肥 200~400 kg/ 亩或施尿素 4~6 kg/ 亩。鱼苗下塘时，池中的饵料生物量应保持轮虫在 5 000~10 000 个 /L。施肥时间要符合池塘内浮游动物的生长曲线，如果施肥过早，大型浮游动物（如大型枝角类）大量繁殖，鱼苗较小则无法利用饵料，甚至会引起池水缺氧从而造成鱼苗死亡。根据鱼苗下塘情况控制枝角类在适当时候进行大量繁殖，是促进鱼苗生长、提高成活率的重要措施之一。

（3）试水。放鱼前 1 d，将少量鱼苗放入池内网箱中，经 12~24 h 观察，检查池水中的药物毒性是否消失，以确定鱼苗能否入池。同时，还须用密网在池中拉网 1~2 次，若发现有野杂鱼或敌害生物，则须重新清池。

3. 放养

青海湖裸鲤鱼苗一般采取单养的池塘培育方式。下塘鱼苗应是同批繁殖的，相差不超过 3d，温差不超过 ± 3℃，选择鱼池上风处下塘。放养密度以培育鱼苗全长 3.0~3.5 cm 为准，放养量为 8~12 万尾 / 亩。

4. 饲喂

青海湖裸鲤鱼苗的培育方法有肥水培育法、豆浆培育法等，视养殖条件和规模进行选择。生产规模较大可以豆浆培育法为主，即鱼苗放养后按黄豆 4~6 kg/（d · 亩）的标准，分 2~3 次磨成豆浆 50 kg，滤去豆渣后全池泼洒。一周后黄豆增至 6~8 kg/（d · 亩），培育 10 d 后需在池边加泼一次，或在池周围浅水处堆放菜饼或豆饼。

5. 日常管理

青海湖裸鲤鱼苗放养后应每日多次巡塘，观察水质及鱼的活动，及时清除蛙卵、杂草，检查鱼苗摄食、生长及病害情况，发现问题应及时采取措施并做好记录。培育 25 d 后，鱼体全长达 3.5 cm 左右时即可出塘分池。

（四）鱼种的培育

1. 池塘的准备

池塘为长方形，面积为 4.8 亩左右，水深 1.7~2.0 m，池底平坦，水源充足，水质良好，注、排水方便。

2. 放养前的准备

放养前需要对池塘进行清整和消毒。

①清整。排干池水后，暴晒池底，清除杂物与淤泥，修整池埂。

②消毒。青海湖裸鲤鱼种放养前，用生石灰 120~150 kg/ 亩灭杀野杂鱼、病原体、寄生虫及其休眠卵。在鱼池进水处放置纱网，起到过滤作用，避免野杂鱼及杂物垃圾进入池中。水体应保持清洁，出水口处的溶解氧要保持在 5 mg/L 以上。

③施肥。培育适口的饵料。鱼种下塘前 5~7 d，每亩施放发酵过的人粪尿、猪牛羊鸡鸭粪等有机肥 300~400 kg，过磷酸钙 10 kg 作为基肥，培肥水质，使鱼种下塘时有丰富的轮虫等适口的天然饵料，以提高鱼种成活率。

3. 鱼苗的放养

放养鱼苗需体质健壮，规格整齐。放养密度以生产条件、养殖方式、技术水平和预期达到的鱼种规格的不同而有很大差异。一般 10 000~15 000 尾 / 亩可套养 20% 的鳙鱼和 4% 的鲢鱼。

4. 饲养与管理

饲养前期用混合料拌匀全池泼洒饲喂，以后逐渐缩小饲喂范围，直到形成定点饲喂，并用粒径 0.8~1.0 mm 的颗粒料驯化。饲养到 9 月底，鱼种规格可达到 25 g 左右。生长期间应水源充足，有增氧设备，严防“浮头”泛塘，每 3~5 d 加注 1 次新水，以保持水质良好。

在养殖期间，每日早、中、晚巡塘一次，观察水色和鱼的动态；每半月用生石灰或漂白粉进行水体消毒 1 次；清除池中和池边杂草，保持池塘的环境卫生；做好饲养和管理日志。

5. 并塘和越冬

在每年的 10 月，完成并塘工作，池水保持 1/3 的老水，加注新水至距离池顶 15 cm 处；11 月水体开始结冰。根据经验，原塘越冬对鱼体的伤害较小，裸鲤在冬季仍有摄食行为，一般可投喂颗粒料。封冰后，打一个直径 2 m 的冰眼，分 10：00、14：00 两次投喂，投喂量以大部分池鱼摄食离去为宜。越冬期间注意观察池水渗漏情况，并及时补注新水。

6. 春片鱼种的培育

青海湖裸鲤鱼种越冬至翌年 3 月开冰时，水温逐步回升，鱼类活动较少和体质较弱，应加大投喂量。因裸鲤体表无鳞，易受伤，所以最好开春后在原池进行春片培育，不要急于运输或分塘，并加强饲养管理。

（1）投喂点的改变。经过冬季的管理，冰融化后将投喂点移到池塘边，每天定点投喂。

（2）水质管理。冬季过后水温回升，容易引发病菌繁殖，此时应加强水质调控，每亩用 12 kg 生石灰兑水全池遍洒，3 月每半月 1 次，4~5 月每月 1 次；4 月应抽去池中 2/3 的老水，加注新水。

（3）投喂方法。先用粉料或颗粒料在投喂点进行少量投喂，3 次 /d。一周后，大部分鱼被吸引到投喂点摄食，可加大投喂量，所采用饵料的蛋白含量应不低于38%。3月上旬，水温5~8 ℃，投喂量为池鱼体重的1%；3月下旬，水温8~10 ℃，投喂量为池鱼体重的1.5%；4月，水温10~17 ℃，投喂量为池鱼体重的2%；5月，水温12~18 ℃，投喂量为池鱼体重的3%。

（4）生长情况。至6月，青海湖裸鲤鱼种规格可达10 cm，体重7.5 g。可拉网锻炼2次，并过数和测量鱼种规格，将1龄鱼种销售或增殖放流，也可进入2龄鱼种培育阶段。

二、材料准备

查阅资料并掌握青海湖裸鲤的生物学特性及人工繁殖的主要模式。

三、人员准备

将人员分组，每组5人，并明确职责分工。

任务角色	任务内容
组长：	任务：
组员1：	任务：
组员2：	任务：
组员3：	任务：
组员4：	任务：

任务筹划

一、内容

明确青海湖裸鲤人工繁殖的主要模式及其要点。

二、方法

通过网络、养殖场实地考察等方式进行资料收集，了解青海湖裸鲤人工繁殖要点。

三、流程

第一步：了解青海湖裸鲤的生物学特性。
第二步：收集和调查青海湖裸鲤人工繁殖的基本模式。
第三步：收集和调查青海湖裸鲤的人工繁殖要点。

第四步：根据收集资料讲解青海湖裸鲤人工繁殖的基本流程。

任务实施

步骤一：

步骤二：

步骤三：

步骤四：

任务总结：

任务检测

请扫码答题

任务评价

工作任务完成过程评价表

班级：____________ 组别：____________ 姓名：____________

项目	评分标准	自我评价	小组评价	教师评价
理论知识（30分）	了解青海湖裸鲤的生物学特性（10分）			
	掌握青海湖裸鲤人工繁殖的基本模式（10分）			
	掌握青海湖裸鲤人工繁殖的要点（10分）			
实操技能（50分）	能够正确说明适宜青海湖裸鲤生活的基本条件（20分）			
	能够正确叙述青海湖裸鲤人工繁殖的基本流程（20分）			
	能够掌握青海湖裸鲤的雌雄鉴别方法（10分）			
思政素养（20分）	拓宽学生的知识面，培育学生正确的价值观（10分）			
	明确绿色水产养殖与生态修复的重要意义（10分）			
合计（100分）				

（续表）

自我评价与总结	
教师点评	

任务五　高原淡水鱼常见病防治

任务导入

对于水产养殖业来说，鱼类疾病的防治技术好坏是决定其成败的主要因素。如果鱼经常患病，就会严重影响水产品的品质。因此，在水产养殖业的整个环节中，都必须做好鱼类常见病害的综合防治措施。

请结合养殖户提供的照片诊断鱼病，并给出相应的治疗建议。

任务工单

班级：＿＿＿＿＿＿＿＿　姓名：＿＿＿＿＿＿＿＿　学号：＿＿＿＿＿＿＿＿

任务名称	高原淡水鱼常见病防治
任务描述	根据实际情况，填写本任务的内容、目的、流程和方法。 任务内容：识别高原淡水鱼常见鱼病并进行防治。 任务目的：认识和掌握高原淡水鱼常见病的特征；能够根据不同鱼病对症用药。 任务流程：识别高原淡水鱼常见病，并进行药物治疗。 任务方法：实践练习。
获取信息	为完成任务，需要掌握相关的知识点。请收集资料，回答以下问题。 （1）高原淡水鱼的常见病种类和特点有哪些? （2）高原淡水鱼常见病的用药有哪些?

（续表）

<table>
<tr><td></td><td colspan="4">（3）高原淡水鱼常见病用药的基本原则是什么？</td></tr>
<tr><td>制订计划</td><td colspan="4"></td></tr>
<tr><td rowspan="6">任务实施</td><td colspan="4">按照预先制订的工作计划完成本任务，并记录任务实施过程。</td></tr>
<tr><td>序号</td><td>完成的任务</td><td>遇到的问题</td><td>解决办法</td></tr>
<tr><td></td><td></td><td></td><td></td></tr>
<tr><td></td><td></td><td></td><td></td></tr>
<tr><td></td><td></td><td></td><td></td></tr>
<tr><td></td><td></td><td></td><td></td></tr>
</table>

任务准备

一、知识准备

（一）常见鱼病介绍

1. 细菌病

（1）烂鳃病。

①病症。由黏球菌引起，患病后除具有病鱼的通常症状外，还可见头部变成黑色，鳃上附有一层黏液污物，内外叶鳃丝先后腐烂，由红变白，甚至鳃盖也开始腐烂，直至死亡。

②防治方法。一般用 2 mg/L 红霉素浸泡鱼体 15 min 即可。

（2）赤皮病。

①病症。由荧光极毛杆菌引起，得病后鱼体表面发炎出血，鳞片脱落，鱼鳃充血，鳍条腐烂，严重时鳃盖表皮也会腐烂脱落，如果不及早治疗，1 周左右会死亡。

②防治。一般用 20 mg/L 高锰酸钾溶液，或 3 mg/L 漂白粉溶液浸泡鱼及鱼缸，能起到消毒杀菌的作用。

（3）竖鳞病。

①病症。由极毛杆菌引起，传染性很强，但强壮而无损伤的鱼一般不会被感染。得病后鱼体部分或全身鳞片竖起向外张开，伴有烂鳃，甚至鳍条基部出血等症状，常导致成批死亡。

②防治方法。用 40 mg/L 的四环素溶液浸洗病鱼，每日 2 次，每次 0.5 h；用 5% 的食盐水浸洗病鱼，每天 2 次，每次 10 min；按 0.8% 的比例将食盐水洒进鱼缸，消毒杀菌；用 7.5 g/m^3 艾蒿根捣烂取汁后加生石灰 2.5 g，调匀后泼洒；在 50 L 水中加入捣烂的蒜头 250 g，每天浸洗病鱼 1 h；将 2% 食盐水和 3% 碳酸氢钠溶液混合，每天药浴 2 次，每次 10 min。

（4）棉口病。

①病症。由柱状软骨球菌引起，因病鱼的口部周围长出棉花状的菌丝而得名。

②防治方法。用 5% 的食盐水浸洗病鱼，每天 2 次，每次 10 min，1 周可痊愈；也可以把病鱼浸入 50 mg/L 的亮绿溶液中，每天 1 次，每次不超过 1 h；或者用 10 mg/L 土霉素溶液浸浴病鱼。

（5）烂鳍病。

①病症。鱼鳍破损变色无光泽，伤口处分泌黏液，腐烂处有异物，透明的鳍叶发白并逐渐扩大，由鳍边缘开始脱落，逐渐迫近鱼身，严重时鱼鳍残缺呈扫帚状或不能舒展，常导致鱼死亡。

②防治方法。用 20 mg/L 金霉素药浴 2~3 h，连续数天；用 5% 食盐水浸泡病鱼，直至痊愈；用 15 mg/L 高锰酸钾浸浴病鱼 10~15 min。

（6）细菌性肠炎。

①病症。由肠型点状气单胞菌引起，肛门红肿，肠壁充血呈紫红色，离群独游，游动缓慢，不吃食，鱼体呈灰黑色。严重者轻压腹部，有血黄色黏液外流，剖开腹部可见肠部发炎充血，严重时肠道发紫。

②防治方法。用大蒜拌饵投喂，用量为 10~30 g/kg 体重，连用 4~6 d；或用大蒜素粉拌饵投喂，用量 0.2 g/kg 体重，连用 4~5 d。

2. 真菌病

主要是水霉病。由水霉菌引起，初患此病时鱼体并无任何症状，以后可看到鱼体上长出白毛。

防治方法。①如病情尚轻，可用 300 W 紫外线灯每天照射鱼缸 20 min，连续 1 周即可治愈；②除此外还可以用 5% 的食盐水浸洗病鱼，每天 2 次，每次 10 min，连续 1 周也可治愈；③最后还可以用 2~4 g/m^3 的五倍子，捣碎，以开水浸泡，每日让病鱼药浴 1~2 h。

3. 寄生虫病

（1）白点病。由多子小瓜虫侵入鱼体引起的，传染性很强，四季都可发病，但以秋冬多见。小瓜虫侵入鱼的皮肤或鳃组织后，引起组织增生和发炎，并产生大量的黏液，形成白色囊疮，肉眼可见到小白点，病鱼因痒常在石块、池底等侧身摩擦，如不及时治疗，会迅速传染给其他鱼，造成大批死亡。

防治方法。①可将水温逐渐升至 28 ℃，小瓜虫便会离开鱼体并很快死去，然后加入 1% 的食盐，3~4 d 即可治愈；②用 5 mg/L 甲基蓝溶液浸洗病鱼，每天 2 次，每次 1 h；③用 10 g/m^3 的辣椒和 7.5 g/m^3 生姜捣烂装袋，挂袋于药浴缸中，每日浸浴病鱼 1~2 h；④用 2 mg/L 亚甲基蓝溶液浸泡 6 h；⑤用 0.05%~0.07% 红汞液水浸浴病鱼 5~15 min。

（2）车轮虫病。车轮虫对鱼苗、幼鱼和成鱼都能侵染。在鱼苗、鱼种阶段最普遍。病

鱼类病害特点和防治的一般原则

鱼暗黑消瘦，离群靠近池边缓慢地游动，或静静地漂浮在下风水面上，不久即死亡。

防治方法。发现病情后，可用1%食盐水浸洗40 min，或用五倍子末全池泼洒。

（3）指环虫病。主要寄生在鱼的体表和鳃丝上，破坏鳃丝和体表上皮细胞，刺激鱼体分泌大量黏液，病鱼鳃瓣浮肿，呈灰白色。

防治方法。可用20 mg/L高酸钾溶液浸洗鱼体，水温25 ℃以上时，浸洗10~15 min。

二、材料准备

对青海省常见的淡水养殖鱼类的病害进行收集整理。

三、人员准备

人员分组，每组5人，明确职责分工。

任务角色	任务内容
组长：	任务：
组员1：	任务：
组员2：	任务：
组员3：	任务：
组员4：	任务：

任务筹划

一、内容

明确要调查的常见鱼病有哪些；明确常见鱼病的致病原；明确常见鱼病的防治方法。

二、方法

通过上网搜集、养殖场实地考察等方式进行资料收集，了解当地常见鱼病。

三、流程

第一步：了解鱼用药的基本原则。
第二步：收集调查常见鱼病的病症。
第三步：收集调查常见鱼病的致病原。

第四步：根据收集情况进行诊断，给出防治建议。

任务实施

步骤一：
步骤二：
步骤三：
步骤四：
任务总结：

任务检测

请扫码答题

任务评价

工作任务完成过程评价表

班级：＿＿＿＿＿＿＿＿　组别：＿＿＿＿＿＿＿＿　姓名：＿＿＿＿＿＿＿＿

项目	评分标准	自我评价	小组评价	教师评价
理论知识（40 分）	了解常见鱼病的致病原有哪些（10 分）			
	掌握常见鱼病的基本特征（10 分）			
	掌握常见鱼病的治疗方法（10 分）			
	掌握鱼用药的基本原则（10 分）			
实操技能（40 分）	能够正确诊断相应鱼病（15 分）			
	能够根据所诊断的鱼病进行对症用药（15 分）			
	能够正确掌握用药用量（10 分）			
思政素养（20 分）	树立合法合规意识（10 分）			
	培养吃苦耐劳精神（10 分）			
合计（100 分）				

（续表）

自我评价与总结	
教师点评	

项目八 观赏鸟养殖与疾病防治

项目导读

观赏鸟类品种众多，习性各异。鸣禽体型小巧，大多数营巢巧妙，或羽色艳丽，或善于鸣啭，或擅长效鸣学舌，如画眉、百灵、鹦鹉、相思鸟、文鸟、黄鹂、云雀、金丝雀、八哥等是著名的笼养观赏鸟类，人们在工作之余，逗鸟喂食，聆听鸟鸣，赏心悦目，亲近大自然，放松身心，增添了生活情趣。此外，观赏鸟还在气象学、仿生学，环境学，遗传学、生态学等方面都具有很高的价值，对全人类都有益处。鸟类经过人类长期驯化饲养，培育成的珍禽，如肉鸽、鹌鹑、鹧鸪、七彩山鸡等，更是美味佳肴，丰富了人们的物质文化生活；驯养鸟类，以供役用，长时流传。鸟便是良好的有机磷肥，在农业上广泛使用。

知识目标

叙述观赏鸟的饲养价值和意义；熟知观赏鸟体型外貌特征，学会观赏鸟的选择方法；熟知观赏鸟的习性与食性；学会选择和使用观赏鸟的笼具和饲养设备；了解观赏鸟的营养与饲料；正确叙述观赏鸟日常饲养管理要点；了解孔雀的繁育特点；确叙述孔雀的营养需要，熟记孔雀饲料配方 3~4 个，学会孔雀饲料调制；熟知不同阶段孔雀的饲养管理技术。

技能目标

掌握观赏鸟雌雄鉴别技术；正确识别观赏鸟常见品；独立操作完成观赏鸟的捕捉；学会观赏鸟的育雏技术；初步掌握孔雀的人工孵化技术。

素质目标

培养学生分析和解决问题的能力，能够注重品种保护，建立“种子是农业的芯片”的科学认识，能够依据实际情况选择合适的饲养品种；树立安全意识。能保障个人人身安全；遵守工作纪律，能恰当有效地利用时间，有效地计划并实施，按时完成各项任务；主动承担工作任务及责任，尊重他人及意见，遵从集体决策，遵守各种行为规范和操作规范；树立严谨求实的科学态度。

任务一　观赏鸟的品种

任务导入

随着经济的发展，物质生活的改善，国内各地市场对观赏鸟的需求量也越来越大，很多品种都供不应求。观赏鸟产业逐渐成为一个新兴的、具有广阔市场前景的产业。观赏鸟品种很多，不同观赏鸟品种外貌形态、生活习性都是截然不同的，人们平时能见到的，只有其中极少的一部分而已，也不清楚它们的种类和生活习性。被广泛养殖的品种主要有金丝雀、百灵鸟、画眉等众多品种。请你帮助他们进行观赏鸟品种的识别，方便他们选择养殖的品种。

任务工单

班级:____________ 姓名:____________ 学号:____________

任务名称	观赏鸟的品种识别
任务描述	根据实际情况，填写本任务的内容、目的、流程和方法。 任务内容：我国鸟类资源现状和观赏鸟养殖特点，鸟体外貌特征；观赏鸟常见品种识别。 任务目的：了解我国鸟类资源现状和观赏鸟养殖特点；鸟体外貌特征；掌握观赏鸟常见品种识别方法，着重识外貌特征和习性。 任务流程：收集资料并整理，让学生观察观赏鸟常见品种图片，阅读鉴定材料，进行品种识别练习。 任务方法：提供观赏鸟品种图片，让学生观察图片，阅读鉴定材料，进行品种识别练习。
	要完成任务，需要掌握相关的知识。请收集资料，回答以下问题。 （1）我国鸟类资源现状如何？

（续表）

<table>
<tr><td rowspan="4">获取信息</td><td colspan="4">（2）青海省观赏鸟养殖情况如何？</td></tr>
<tr><td colspan="4">（3）鸟体外貌特征？</td></tr>
<tr><td colspan="4">（4）常见观赏鸟品种有哪些？</td></tr>
<tr><td colspan="4">（5）常见观赏鸟品种的主要特征有哪些？</td></tr>
<tr><td>制订计划</td><td colspan="4">（1）收集文字、图片等资料。
（2）整理资料。
（3）提供观赏鸟品种图片，让学生观察。
（4）阅读材料，进行观赏鸟常见品种识别训练。
（5）总结。</td></tr>
<tr><td rowspan="6">任务实施</td><td colspan="4">按照预先制订的工作计划，完成本任务，并记录任务实施过程。</td></tr>
<tr><td>序号</td><td>完成的任务</td><td>遇到的问题</td><td>解决办法</td></tr>
<tr><td></td><td></td><td></td><td></td></tr>
<tr><td></td><td></td><td></td><td></td></tr>
<tr><td></td><td></td><td></td><td></td></tr>
<tr><td></td><td></td><td></td><td></td></tr>
</table>

任务准备

一、知识准备

观赏鸟常见品种介绍

1. 金丝雀

金丝雀，又名芙蓉鸟、白玉、白燕、玉鸟，属雀形目，雀科。原产于非洲西北海岸的加纳、马狄拿、爱苏利兹等岛屿和南部非洲地区，经过长期的人工培育，已成为世界性笼鸟。

（1）形态特征。野生的金丝雀体长约 12~14 cm，极似我国常见的鸥类。通体黄绿，带有褐色斑纹。人工培育的品种，羽色变化较多，有黄色、白色、橘红色、古铜色等多种，其中以黄色者最为多见。我国饲养的金丝雀以山东种、扬州种和德国萝娜为主。金丝雀一般雌雄同色，依据外形难以区分，但可根据其鸣叫姿态及泄殖腔有无突起加以鉴别。雄鸟鸣叫时常挺胸，竖直身体，喉部鼓起，连续颤动。泄殖腔突起呈锥形；雌鸟鸣叫时姿态如常，喉部一下一下地稍微鼓动，泄殖腔较平，呈馒头状。

（2）生活习性。野生金丝雀主要以植物种子为食，仅在夏季吃少量昆虫。每年 1—7 月份繁殖。用树枝、草茎、纤维和羽毛等在地面上营巢，巢呈杯状，每窝产卵 4~5 枚。卵壳淡青色，有红棕色和黑褐色斑。卵主要由雌鸟孵化，孵化期 14~16 d。育雏期 22~25 d。

2. 百灵鸟

百灵鸟又名蒙古百灵、口百灵、蒙古鹨、塞云雀、华北沙鹨、百灵鸟等，属雀形目，百灵科。产于我国内蒙古的林西县、呼伦贝尔和鄂尔多斯，河北的张家口以及青海省等地区。

（1）形态特征。体长约 18~19 cm。雄鸟上体栗褐色，下体沙白色；头顶为棕黄色，头缘和后颈部栗色；翅黑色而有白斑，上胸有不完整的黑色斑带；尾基部栗色，往后为黑色，两侧有对称的白斑。雌鸟的外形与雄鸟相似，但眼睛小而圆，不如雄鸟明亮；额部和后颈呈棕黄色，胸部两侧的黑斑不如雄鸟明显。

（2）生活习性。野生百灵生活在荒漠和草原上，喜结群活动，以各种野生植物的种子和昆虫为食。每年 4—7 月份繁殖，用枯草、兽毛等在地面上筑巢（每窝产卵 3~5 枚，卵壳白色或淡黄色，有褐色细斑，卵由雌鸟孵化，孵化期 12~15 d）。

3. 画眉

画眉属雀形目，鹟科，画眉亚科。广泛分布于华东、华南和西南等地，是我国传统笼养鸟。

（1）形态特征。画眉体长约 22~24 cm。上体橄榄褐色，头和上背部具褐色条纹；下体黄褐色，腹部中内灰色；锥状嘴上喙黑色，下喙橄榄黄色；跖部红白相间，趾为红黄色；眉端黑色，眼圈白色并向后延伸，形成一道白色眉纹，犹如白漆画成，画眉便由此得名，画眉雌雄同色，依据外形难以区分，常通过鸣叫加以鉴别，雄鸟的叫声委婉动听，而雌鸟则叫声单调。

（2）生活习性。野生画眉生活在山区和丘陵地带的灌木丛和竹林中，喜单独活动，仅在秋、冬季结小群活动。食物以蝗虫、椿象、松毛虫、蛾、蚂蚁等昆虫及其幼虫和虫卵为主，也吃各种植物的种子和野果。每年 4—7 月份繁殖，用松针、枯枝和杂草等在地面草丛或灌木丛中筑巢，爪呈杯状，每窝产卵 3~5 枚，卵壳浅蓝色或蓝绿色，有光泽，有时具有粗大的斑点。

4. 红嘴相思鸟

红嘴相思鸟又名红嘴玉、红嘴绿观音、五彩相思鸟、相思鸟，属雀形目，鹟科，画眉亚科。分布于我国长江流域及其以南的广大地区，是当地的留鸟。

（1）形态特征。体长约 14 cm。头顶、枕部和腰背部为灰绿色，翼部呈金黄色和黑色，具有红黄色翼斑；尾短而呈叉状，灰绿色，下颏及颈前方淡黄色，前胸橙色发亮，腹部灰黄色；嘴朱红色，基部稍黑，足趾黄色。

（2）生活习性。红嘴相思鸟生活在平原至海拔 2 000 m 山地常绿阔叶林、混交林的灌木丛或竹林中，主食各种昆虫、植物种子和果实，是杂食性鸟。相思鸟喜结群活动，成对的雌雄鸟更是形影不离，出则比翼双飞，宿则相互依偎。

5. 虎皮鹦鹉

虎皮鹦鹉又名黄背鹦鹉、石燕、娇凤、彩凤、阿苏儿，属鹦形目，鹦鹉科。原产于澳大利亚西南部，现在许多国家都有饲养。

（1）形态特征。原种虎皮鹦鹉体长18~20 cm，全身羽毛主要为黄绿色，颊部有蓝黑色圆斑，头部和背部黄色并有黑色横纹，腰、胸及腹部绿色，尾羽黄色，中间有一对天蓝色尾羽。雌雄鸟羽色相近，但雄鸟上嘴基部的蜡膜为蓝色，雌鸟的为粉褐色；雄鸟的足趾为蓝灰色，雌鸟的为粉红色。目前，虎皮鹦鹉主要有以下几种：波纹型，上体的黑色横纹近似原种，但羽毛有蓝、绿、黄多种颜色；淡色型，可分为上体深黄色、下体黄绿色和上体白色、下体蓝色两种，翅上均有黑色斑点；玉头型，分为头部白色、其他部位淡蓝色和头部黄色、其他部位绿色两种；白化型，全身洁白，眼红色；黄化型，全身黄色，眼红色。

（2）生活习性。野生虎皮鹦鹉喜欢集群生活，主要以植物的种子和果实为食。一年四季均可繁殖，春、秋两季为繁殖旺季。多营巢于树洞中，每窝产卵4~9枚，卵壳白色，有光泽。卵由雌鸟孵化，孵化期18~20 d。

6. 八哥

八哥学名叫鸲鹆，属雀形目，椋鸟科。广泛分布于我国西南和华南地区及台湾等地。

（1）形态特征。八哥体长约25 cm。全身羽毛黑色，有光泽；额前的羽毛竖立如同冠状，嘴喙和足趾淡黄色，尾羽末端白色；两翅有白色斑，飞翔时从下面看，两翅的白色翼斑如“八”字形展开，故有八哥之称。

（2）生活习性。八哥是我国南方最常见的留鸟之一，喜欢结群在平原村落、田园和山林边缘活动，经常数十只活动寻找食物，栖于枝头、农家房舍。夜间宿于竹林、大树及芦苇丛中，并经常与乌鸦、椋鸟或其他鸟类混群栖息。八哥为杂食性鸟，主食昆虫、蠕虫、蚯蚓及植物的软果实、种子和青菜等。八哥为晚成鸟类，1年繁殖2次，繁殖期为每年的4—8月份，每窝产卵4~6枚，多者8枚。卵壳呈玉蓝色，繁殖末期所产的卵壳色淡而近白色。雌、雄共同孵化育雏。

7. 孔雀

孔雀，属鸡形目、雉科、孔雀属。目前，定名的有蓝孔雀（印度孔雀）和绿孔雀（爪哇孔雀）2个种。白孔雀和黑孔雀是蓝孔雀的2个著名的突变种；印度亚种（缅甸绿孔雀）、指名亚种（爪哇绿孔雀）和云南亚种（印度支那绿孔雀）是绿孔雀的3个亚种。孔雀主要分布在印度、缅甸、印度尼西亚、马来西亚等东南亚国家和我国云南。

（1）形态特征。印度孔雀体型较小，成年雄孔雀体重7.5 kg，雌孔雀体重5 kg。雌雄外貌差异较大，雄体羽毛光彩熠熠，身披翠绿色，颈项为宝石蓝色，富有金属光泽，统称蓝孔雀。印度孔雀下背闪耀紫铜色光泽，覆尾羽长1 m以上，羽片上由紫、黄、蓝、红等斑色构成，孔雀开屏时艳丽异常。雌性羽毛灰褐，无尾屏。爪哇孔雀全身羽毛为翠绿色，杂有黑褐色和金黄色斑纹，统称绿孔雀。爪哇孔雀体型较大，头部冠羽聚成撮，腿、颈和翎羽较长，雌雄都有闪烁的金属光泽，叫声略低于蓝孔雀。

（2）生活习性。孔雀栖居于海拔 2 000 m 以下的稀树草原，或生长在有灌木丛、竹丛或针叶、阔叶等开阔地带，靠近水源。杂食性，以植物和小动物为食。清晨和傍晚活动频繁，白天多休息。具有一定社会性，繁殖季雄孔雀会展示尾羽求偶。雌孔雀负责筑巢孵蛋。对环境适应力较强，但对噪声、污染敏感。

观赏鸟的经济价值、品种和外貌特征

二、材料准备

（一）调查青海省观赏鸟养殖业的基本情况

对青海省养观赏鸟情况进行调查，包括规模，养殖情况，养殖品种等。

（二）收集常见观赏鸟品种的相关资料

观赏鸟主要品种的文字、图片及视频资料。

三、人员准备

人员分组，每组 5 人，明确职责分工。

任务角色	任务内容
组长：	任务：
组员 1：	任务：
组员 2：	任务：
组员 3：	任务：
组员 4：	任务：

任务筹划

一、内容

明确要调查的项目，确定要重点调查的品种，其品种特性，市场价格，市场占有率等。

二、方法

认真思考如何才能获取更好的信息，通过哪些渠道获取信息资料，并对这些资料进行加工编撰，形成可供村民选择的方案。

三、流程

第一步：了解我国观赏鸟养殖业特点。

第二步：调查青海省观赏鸟业的基本情况。

第三步：调查常见观赏鸟品种的情况。

第四步：根据收集情况进行品种识别练习。

任务实施

步骤一：

步骤二：

步骤三：

步骤四：

任务总结：

任务检测

请扫码答题

任务评价

工作任务完成过程评价表

班级：＿＿＿＿＿＿＿＿　组别：＿＿＿＿＿＿＿＿　姓名：＿＿＿＿＿＿＿＿

项目	评分标准	自我评价	小组评价	教师评价
理论知识（30分）	了解观赏鸟的经济价值及养殖意义（10分）			
	熟记观赏鸟鸟类资源及主要品种特点（10分）			
	掌握观赏鸟常见品种的特点（10分）			
实操技能（50分）	能够识别观赏鸟常见品种（10分）			
	相关信息的收集、整合和分析（15分）			
	操作态度积极主动，服从安排（10分）			
	准确识别观赏鸟常见品种并熟记其外貌特征（15分）			

（续表）

项目	评分标准	自我评价	小组评价	教师评价
思政素养（20 分）	能从全局上筹划相关事项或行动的具体安排（10 分）			
	积极了解我国鸟类资源的丰富多样性，增强民族自豪感（10 分）			
合计（100 分）				
自我评价与总结				
教师点评				

任务二　观赏鸟的繁殖

任务导入

鸟类一直以来都备受人们的喜爱。繁殖是观赏鸟养殖过程中非常关键的一个环节。在观赏鸟养殖过程中，了解观赏鸟的繁殖习性，对我们饲养鸟类有很大的帮助。养鸟除观赏外，还可进行繁殖。可供繁殖的鸟种有珍珠鸟、金丝雀、文鸟、牡丹鹦鹉、牧师鸟、锦华雀等近 30 种。

任务工单

班级:____________ 姓名:____________ 学号:____________

<table>
<tr><td>任务名称</td><td colspan="4">观赏鸟的繁殖</td></tr>
<tr><td>任务描述</td><td colspan="4">根据实际情况，填写本任务的内容、目的、流程和方法。
任务内容：观赏鸟的选择；观赏鸟的繁殖特点；鹦鹉和八哥的雌雄鉴别方法。
任务目的：了解和掌握观赏鸟的选择；熟记观赏鸟的繁殖特点；鹦鹉和八哥的雌雄鉴别方法。
任务流程：收集资料并整理，认识和掌握观赏鸟的选择，熟记观赏鸟的繁殖特点；掌握鹦鹉和八哥的雌雄鉴别方法。
任务方法：收集资料并整理，查阅资料信息，分组调查研究，小组讨论分析，给出识别结果。</td></tr>
<tr><td>获取信息</td><td colspan="4">要完成任务，需要掌握相关的知识。请收集资料，回答以下问题。
（1）人工饲养条件下，可繁殖的观赏鸟品种有哪些？

（2）家庭养鸟时怎么选择观赏鸟？

（3）观赏鸟的性成熟特征有哪些？

（4）观赏鸟的繁殖特点是怎样的？

（5）常见观赏鸟鹦鹉和八哥的雌雄鉴别？</td></tr>
<tr><td>制订计划</td><td colspan="4">（1）收集资料。
（2）整理资料。
（3）材料准备。
（4）进行鹦鹉和八哥的雌雄鉴别练习。
（5）总结。</td></tr>
<tr><td rowspan="6">任务实施</td><td colspan="4">按照预先制订的工作计划，完成本任务，并记录任务实施过程。</td></tr>
<tr><td>序号</td><td>完成的任务</td><td>遇到的问题</td><td>解决办法</td></tr>
<tr><td></td><td></td><td></td><td></td></tr>
<tr><td></td><td></td><td></td><td></td></tr>
<tr><td></td><td></td><td></td><td></td></tr>
<tr><td></td><td></td><td></td><td></td></tr>
</table>

任务准备

一、知识准备

（一）鸟类的性成熟

鸟类的性成熟年龄不太一致，不同品种、不同生长环境，性成熟有早晚。多数小型鸟类出生后 8~10 个月进入性成熟期，有的在出生后 12 个月达到性成熟；一些中型鸟类需要 2~3 岁才能达到性成熟；大型鸟类如鹤、鹳、鹫等，则需 4~5 岁或更长的时间才能开始产卵繁殖。同一品种不同品系的鸟性成熟时也有差异，如蜡嘴雀，早熟品系和晚熟品系的性成熟期相差 1~2 月。人工驯养下的笼鸟，其性成熟期的早晚，常随生活环境及饲养条件有所变化。在人工饲养条件下，由于环境因素和饲养条件的改善，其性成熟年龄有提早的趋势。

（二）鸟类繁殖的特点

1. 季节性

鸟类生殖器官发育受光照周期的调控，导致鸟的繁殖具有季节性。在自然界，大多数的鸟以春季和秋冬季繁殖者为最多，只有少数的鸟能够终年繁殖。

2. 择偶性

鸟类一般都是一雌一雄生活在一起，结成配偶，甚至多年不变（如鸽）。但也有一雄多雌（雉鸡、鸵鸟等）或一雌多雄（三趾鹬、彩鹬）。

3. 占区性

鸟到了繁殖季节，首先是雄鸟来到繁殖地点，在一定的区域内觅食、鸣叫，并伴随有不同的求偶表现，以招引雌鸟来配对。繁殖季节的各种活动（觅食、孵卵、育雏等）均在巢区内进行，这样可使营巢鸟类有均匀地分布，以保证繁殖期间有足够的食物。

4. 筑巢性

巢是鸟产卵孵化和育雏的场所，因种类不同，筑巢的材料、巢的大小、形状、位置各异。当鸟只进入繁殖季节后，如果发情雌鸟和雄鸟在栖杠上相互依偎亲昵、咬嘴；或雄鸟频繁鸣叫，在栖杠上上下下不停地蹦跳，表明鸟已经发情，不久就会交配、产卵，鸟在交配前后便开始营巢。

目前，能够在笼养状态下进行繁殖的鸟尚且不多，只有文鸟科的文鸟、十姐妹，金山珍珠、五彩文鸟，雀科的金丝雀，鹦鹉科的虎皮鹦鹉、绯胸鹦鹉、牡丹鹦鹉、小五彩鹦鹉等少数鸟在人工饲养条件下能够进行成功地繁殖。

（三）观赏鸟的雌雄鉴别与配对

1. 鹦鹉的雌雄鉴别和配对

（1）鹦鹉雌雄鉴别。鹦鹉的雌雄大多数表现在羽色的差异上，一般雌鸟羽毛、嘴、虹膜等的色彩不及雄鸟的艳丽，不能靠外观的差异来鉴别雌雄，只能靠触摸鹦鹉耻骨间距的大小（俗称摸裆）和平日的活动来鉴别。裆是指鸟体后端的耻骨联合间距。用摸裆法鉴别雏鸟不甚明显，4 月以上的鹦鹉可用此法。操作时，握住鹦鹉的身体，一般用右手摸裆，感觉有尖突起的为雄鸟；如果感觉扁平状，即为雌鸟；6 月龄的鹦鹉则感觉更为明显，雌鸟的裆宽，可容下一小指头，明显感觉为扁平，没有突起。另外，从配对后的表现看，雄鸟一般在巢外，像士兵一样守卫，雌鸟则在巢内，平日的攻击性比较强，恋窝。

（2）鹦鹉的配对。一般为一雄配一雌，通常是年龄稍大的雄性成年鹦鹉与雌性成年鹦鹉相配。年龄最多相差 4 个月，这样便于繁殖和孵化雏鹦鹉。

2. 八哥的雌雄鉴别和配对

（1）八哥幼鸟雌雄鉴别。首先看躯体，身体大的为雄鸟，小的为雌鸟；头大而扁为雄鸟，头小而圆者为雌鸟；嘴粗而长者为雄鸟，嘴细而短者为雌鸟；雄鸟嘴为玉白色，腿呈肉红色，雌八哥幼鸟的嘴与腿均为灰色。综合上述 4 个方面的形态特征可对八哥的幼鸟进行雌雄鉴别。

（2）八哥成鸟的雌雄鉴别，主要是听鸣声。雄鸟歌声优美而激昂，雌鸟的歌声较低沉而且不甚悦耳。其次是形态的差别。八哥成鸟雌雄之别在形态上与幼鸟相当，但腿的皮色有些变化，雄鸟为肉红色或黄色，雌鸟为灰色或浅黄色。另外，观察泄殖腔，雌鸟泄殖腔较雄鸟稍平坦，周围长着一圈小羽毛；雄鸟的泄殖腔呈小圆柱状突起，在突起的顶端长有束状小羽毛。

（3）每年 4—8 月是八哥的繁殖期，性成熟后就可以配对。八哥的配对一般为一雄配一雌。

3. 注意事项

（1）在配种时防止近亲配种，以免品种退化。

（2）鸟类配种常常有选择性，在交配前可出现追逐和打斗现象。为避免打斗造成的损伤，提高繁殖能力，先把雌雄鸟放在一起分笼饲养，让它们相互熟悉，培养感情。待到发情旺盛后，再把雌鸟放入雄鸟笼中，这样，配种更易成功。

（3）在进行繁殖时一定要用繁殖笼，繁殖笼大且配偶交配容易成功。

观赏鸟的选择

二、材料准备

（一）收集观赏鸟繁殖相关资料

（1）人工饲养条件下可繁殖的观赏鸟品种。

（2）观赏鸟种鸟的选择。

（3）常见观赏鸟的雌雄鉴别方法。

（二）工具（材料）准备

鹦鹉，八哥各若干只。

三、人员准备

人员分组，每组 5 人，明确职责分工。

任务角色	任务内容
组长：	任务：
组员 1：	任务：
组员 2：	任务：
组员 3：	任务：
组员 4：	任务：

任务筹划

一、内容筹划

明确要调查的项目，明确常见观赏鸟鹦鹉和八哥的雌雄鉴别的具体操作流程以及需要的工具材料，并对本任务内容做出科学评价。

二、方法筹划

认真思考如何快速获取相关信息，统筹需要收集的材料，进行鹦鹉和八哥的雌雄鉴别练习。

三、流程筹划

第一步：了解人工饲养条件下可繁殖的观赏鸟品种。
第二步：查找相关资料了解观赏鸟的性成熟、繁殖特点等。
第三步：学习每个项目操作的具体技术要领。
第四步：依据具体方法对常见观赏鸟鹦鹉和八哥的雌雄鉴别练习。
第五步：任务总结。

任务实施

步骤一：
步骤二：
步骤三：
步骤四：
任务总结：

任务检测

请扫码答题

任务评价

工作任务完成过程评价表

班级:________________　组别:________________　姓名:________________

项目	评分标准	自我评价	小组评价	教师评价
理论知识（30分）	了解人工饲养条件下可繁殖的观赏鸟品种（10分）			
	学会观赏鸟的选择及种鸟的选择（10分）			
	理解观赏鸟的繁殖特点（10分）			
实操技能（50分）	相关信息的收集及整合（10分）			
	操作态度积极主动，服从安排（10分）			
	能够进行观赏鸟的选择（15分）			
	能够进行鹦鹉和八哥的雌雄鉴别方法（15分）			
思政素养（20分）	激发关爱动物、善待生命的情感（10分）			
	引导人鸟和谐相处、相互信任（10分）			
合计（100分）				
自我评价与总结				
教师点评				

任务三　观赏鸟的饲养管理

任务导入

鸟类一直以来都备受人们的喜爱。了解鸟的习性与食性、养观赏鸟所需的笼具和设备、鸟的营养和饲料、鸟的饲养管理以及鸟的育雏等知识是成功饲养和管理的关键。请你根据所学知识撰写观赏鸟饲养管理知识手册。

任务工单

班级：＿＿＿＿＿＿＿＿　姓名：＿＿＿＿＿＿＿＿　学号：＿＿＿＿＿＿＿＿

任务名称	观赏鸟的饲养管理
任务描述	根据实际情况，填写本任务的内容、目的、流程和方法。 任务内容：鸟的饲养日常管理和育雏。 任务目的：了解和掌握鸟的习性与食性及养鸟的笼具和设备、鸟的营养和饲料，掌握鸟的饲养管理和育雏知识。 任务流程：查阅资料信息，分组调查研究，小组讨论分析，进行鸟的育雏。 任务方法：查阅资料，分组调查研究，小组讨论，进行鸟的育雏。
获取信息	要完成任务，需要掌握相关的知识。请收集资料，回答以下问题。 （1）鸟的习性与食性如何？ （2）观赏鸟的笼具和设备？ （3）鸟的营养和饲料？ （4）鸟的饲养日常管理？ （5）鸟的育雏？
制订计划	（1）收集资料。 （2）整理资料。 （3）材料准备。 （4）进行观赏鸟养殖场规划设计并画图。 （5）总结。

（续表）

<table>
<tr><td rowspan="6">任务实施</td><td colspan="4">按照预先制订的工作计划，完成本任务，并记录任务实施过程。</td></tr>
<tr><td>序号</td><td>完成的任务</td><td>遇到的问题</td><td>解决办法</td></tr>
<tr><td></td><td></td><td></td><td></td></tr>
<tr><td></td><td></td><td></td><td></td></tr>
<tr><td></td><td></td><td></td><td></td></tr>
<tr><td></td><td></td><td></td><td></td></tr>
</table>

任务准备

一、知识准备

（一）鸟的饲养管理

1. 遛鸟

遛鸟不但增加了鸟的运动量，而且清新、优美的环境也使鸟兴奋，鸣叫更欢。同时，遛鸟也可使自己所养的鸟学会别的笼鸟或野鸟的鸣叫，鸟越遛越欢。遛鸟的方法是将鸟放在笼内，套上笼罩，养鸟者手提鸟笼，前后悠荡。遛鸟时人的步子要迈得均匀，悠荡所使的劲要平衡，鸟笼的倾斜要适度。遛鸟应在清晨进行，地点多选择公园、树林等环境优美、空气新鲜的地方，每次遛鸟的时间以 30~60 min 为宜。遛鸟之后，将笼挂在高处，揭去笼罩，让鸟自由鸣唱。

2. 投食供水

一般可把颗粒饲料作为硬食鸟（食谷鸟）的常备饲料，把干粉饲料作为软食鸟（食虫鸟、杂食鸟和食肉鸟）的常备饲料，每周清理添换 2~3 次。饲喂带壳的粒料时，投放不宜过多，并及时清除料壳以便添料。饲喂干粉料时，可直接喂给，也可加水调软食喂给。因粉料富含蛋白质，适于细菌繁殖，故应每天添加，未吃完的及时清除以防霉变，食罐也应每天清洗。青绿饲料可切成碎块或撕成条置于菜罐或挂在笼壁上供鸟啄食，最好早上喂，剩下的晚上取出。昆虫和切碎的肉类饲料可置于食罐中，或插在笼壁上喂给。大型的昆虫如蟋蟀和蝗虫等，在投食前应将口器、脚爪甚至翅膀除去。在饲喂鸟之前，最好给鸟以声音信号，以建立条件反射，并把鸟喜欢吃的食物用手拿着喂，这对鸟的驯熟有好处。

鸟的饮用水一般应每天更换一次，添水前清洗水具。对一些喜欢脚踏饮水和抓泼水罐的鸟，应随时清洗水具和更换清水。

3. 清洁卫生

鸟笼在使用的过程中要经常清理、洗刷，一般每周 1~2 次。接粪板、粪垫更要勤洗勤换，笼底铺垫用的细纱也应经常更换。食具、水具最好每天清洗，以保持清洁。鸟笼可用日光消毒法消毒，其他用具可用热碱水或 0.9% 的新洁尔灭溶液消毒。此外，要给鸟经常洗浴，定期修剪喙、爪和理修羽毛。

（二）雏鸟的饲养管理

1. 保暖

大多数观赏鸟出壳后一周，身体光秃秃的没有毛，体温调节能力差，孵化育雏一般在冬春季节，室温达到 0 ℃后，雏鸟就会出现腹泻、感冒，造成死亡。人工饲养必须给雏鸟一个恒温的环境，在育雏笼（窝）内装上电灯或放入热水袋的木箱中，室温保持在 20 ℃左右。一窝中饲养多个雏鸟，互相体温取暖，保温效果更好。

2. 加强亲鸟营养

笼养鸟多属晚成鸟，雏鸟出壳后，尚不会自己啄食，需由亲鸟从嗉囊中分泌液体状食糜哺喂雏鸟。因此，在育雏期内，应加强亲鸟的营养，可在饲料中增加鸡蛋米，并保证牡蛎粉和青菜的供应。

3. 保姆鸟

如果亲鸟在育雏期间死亡或弃雏，就必须找保姆鸟代乳寄养。方法是：选择在夜间，将需要代乳的雏鸟拿在手里，手背向上，以防保姆鸟啄伤雏鸟，趁保姆鸟不注意时将雏鸟放进巢内，这样，保姆鸟就会把它当作自己的，继续哺育。

4. 人工哺育雏鸟

当亲鸟死亡或弃雏，又找不到合适的保姆鸟代为哺育时，就必须对雏鸟进行人工填喂，方法是将鸡蛋黄一个，用 2% 的葡萄糖水调成粥状，用牙签挑着喂。每天喂食的次数视雏鸟的大小而定，早期喂食次数较多，以后逐渐减少，每次喂饱为止。饲料的配方，应随着雏鸟日龄的增长而变化。一般要在雏鸟能够自己啄食后，方可将其与亲鸟分开单独饲养。

5. 注意事项

（1）注意避免阳光直晒或暴晒，雏鸟要加强保暖，但要注意不能受热，尤其是夏天在阳光下暴晒。

（2）注意饲料和饮水，给雏鸟不能直接饮水，将雏鸟食搅拌成团，蘸水填喂，夏天调制饲料要少，最好不要给雏鸟饲喂隔夜食团，防止拉稀。

（3）注意防犬、猫、鼠及黄鼠狼的侵害。

（4）保持环境安静，防止噪声干扰引起亲鸟母性下降，造成自食蛋、雏鸟和弃雏，甚至引起亲鸟死亡。

养鸟的常识

二、材料准备

（一）收集观赏鸟饲养管理相关资料

（1）鸟的习性与食性。

（2）养观赏鸟所需的笼具和设备。

（3）鸟的营养和饲料。

（4）鸟的饲养和日常管理。

（5）鸟的育雏。

（二）工具（材料）准备

雏鸟、亲鸟、保姆鸟各若干只，木箱，热水袋，灯泡及电缆线，育雏笼，温度计，熟鸡蛋，小黄米，雏鸡颗粒饲料，2% 葡萄糖溶液，20 mL 玻璃注射器，竹制牙签，陶制食缸和水槽。

三、人员准备

人员分组，每组 5 人，明确职责分工。

任务角色	任务内容
组长：	任务：
组员 1：	任务：
组员 2：	任务：
组员 3：	任务：
组员 4：	任务：

任务筹划

一、内容

明确要调查的项目并收集相关资料；明确鸟的育雏的具体操作流程以及需要的工具材料，并对本任务内容做出科学评价。

二、方法

认真思考如何快速获取相关信息，统筹需要的材料和用具，进行规范操作并撰写报告。

三、流程

第一步：了解鸟的习性与食性、养观赏鸟所需的笼具和设备。
第二步：查找鸟的营养和饲料相关资料。
第三步：查找鸟的饲养日常管理相关资料。
第四步：学习每个项目操作的具体技术要领。
第五步：依据要求对鸟的育雏进行操作练习。
第六步：任务总结。

任务实施

步骤一：

步骤二：

步骤三：

步骤四：

任务总结：

任务检测

请扫码答题

任务评价

工作任务完成过程评价表

班级：______________ 组别：______________ 姓名：______________

项目	评分标准	自我评价	小组评价	教师评价
理论知识（30分）	了解鸟的习性与食性、养观赏鸟所需的笼具和设备（10分）			
	掌握鸟的营养和饲料相关知识（10分）			
	掌握鸟的饲养日常管理（10分）			
实操技能（50分）	相关信息的收集、分析和整理（10分）			
	操作态度积极主动，服从安排（10分）			
	能够口述鸟的育雏要点（15分）			
	能够正确操作鸟的育雏（15分）			
思政素养（20分）	能从全局上筹划相关事项或行动的具体安排（10分）			
	了解并尊重动物的本性及其生命活动方式，从而更好地了解鸟类，保护鸟类（10分）			
合计（100分）				
自我评价与总结				

（续表）

教师点评	

任务四　孔雀的饲养管理

任务导入

孔雀作为动物园观赏性极高的动物之一，现在已经成为了全国各种养殖户养殖的对象，孔雀现在不仅具备良好的观赏价值，而且也是一种肉质鲜美、营养丰富的特禽，也是野味佳肴，制作成标本也是非常漂亮。因此养殖前景也是非常广阔的。请你根据所学知识和技能编写孔雀饲养管理知识手册。

任务工单

班级：＿＿＿＿＿＿＿＿　姓名：＿＿＿＿＿＿＿＿　学号：＿＿＿＿＿＿＿＿

任务名称	孔雀的饲养管理
任务描述	根据实际情况，填写本任务的内容、目的、流程和方法。 任务内容：孔雀的饲养管理和孔雀蛋的孵化。 任务目的：了解和掌握孔雀的生活习性、孔雀的繁育、孔雀的营养和饲料；掌握孔雀的饲养管理和孔雀蛋的孵化。 任务流程：查阅资料信息，分组调查研究，小组讨论分析，进行孔雀的饲养管理和孔雀蛋的孵化。 任务方法：查阅资料，分组调查研究，小组讨论，进行孔雀的饲养管理和孔雀蛋的孵化。
获取信息	要完成任务，需要掌握相关的知识。请收集资料，回答以下问题。 （1）孔雀的生活习性。 （2）孔雀的繁育。

（续表）

<table>
<tr><td rowspan="1"></td><td colspan="4">（3）孔雀的营养和饲料。

（4）孔雀的饲养和日常管理。

（5）孔雀蛋的孵化。</td></tr>
<tr><td>制订计划</td><td colspan="4">（1）收集资料。
（2）整理资料。
（3）材料准备。
（4）进行珍禽养殖场规划设计并画图。
（5）总结。</td></tr>
<tr><td rowspan="6">任务实施</td><td colspan="4">按照预先制订的工作计划，完成本任务，并记录任务实施过程。</td></tr>
<tr><td>序号</td><td>完成的任务</td><td>遇到的问题</td><td>解决办法</td></tr>
<tr><td></td><td></td><td></td><td></td></tr>
<tr><td></td><td></td><td></td><td></td></tr>
<tr><td></td><td></td><td></td><td></td></tr>
<tr><td></td><td></td><td></td><td></td></tr>
</table>

任务准备

一、知识准备

孔雀的饲养管理

1. 育雏

（1）育雏前准备。料槽、饮水器可用新洁尔灭消毒，用水清洗；墙壁、运动场用火碱消毒，然后要用高锰酸钾和甲醛溶液（每立方米水中加入 14 g 高锰酸钾、28 mL 甲醛）熏蒸消毒，密闭 2 d 后，开门 1 周通风去味，准备进雏。育雏季节应选在春季，因为春季育雏成活率高，生长发育快。选择雏孔雀注意精神饱满、羽毛光洁、脐带闭合完全、肛门洁净，大小适中，才能保证育雏成活率高。

（2）育雏舍温度、湿度。育雏舍的热源可采用调温电炉或育雏伞。开始温度为 34 ℃，以后每天降温 0.3 ℃，直到与自然温度相吻合。注意育雏舍的温度不应教条地以温度计为准，而应以观察孔雀群为主，温度正常时，雏孔雀精神良好、羽毛光滑、睡眠安静，温度过低，雏孔雀靠近热源挤在一起，相互踩压，经常发生尖叫声，温度过高，雏孔雀远离热源，张口喘气，大量饮水。湿度一般要求在 60%~70%。前期为了促进雏孔雀腹内蛋黄的吸收，防止体内水分挥发，湿度应该大一些。后期由于雏孔雀越来越大，排粪量越来越多，应减小湿度。一般加湿的方法为放置水盘、湿沙盘等。减湿的方法可加强通风，勤换垫料等。

（3）光照。育雏初期时，使用人工光照，方法为前 4 天用离地不超过 2 m 的灯光，每天光照 24 h，从第 5 天至第 22 天，每天 16 h 光照。以后可以采用自然光照。

（4）密度。随着雏孔雀的越来越大，应及时减小密度，一般 1~3 周龄，饲养密度为 12~15 只 /m^2，3~10 周龄，可养 7~10 只 /m^2，10~20 周龄可养 6~8 只 /m^2，以后可养 2~3 只 /m^2 左右。每群也不应超过 40~50 只。

（5）开食、饮水。雏孔雀出壳后，开始适应自然环境，过好开食饮水关，对于雏孔雀的生长发育具有特别重要的意义。出雏 24 h 后饮水，应给以 18 ℃左右的温开水，同时水内加入葡萄糖或口服补液盐及庆大霉素或氟哌酸等抗菌素，以增加雏孔雀机体抵抗力和有效防止细菌感染。饮水 1 h 后可开食，开食头 3 d 给雏孔雀以熟小米加鸡蛋黄，3 d 后开始更换雏孔雀料，并加入土霉素等抗生素。开食时应注意少给勤添，每天喂食 5~6 次，并在给雏孔雀料的同时加入沙子，尤其是网上育雏更应注意。

（6）其他。由于雏孔雀代谢较为旺盛，排出的粪便会产生大量的刺激性有害气体，会使空气污染，影响雏孔雀的健康状况，所以应经常打开门窗，加强空气流通，使室内空气保持新鲜。此外，雏孔雀由于较小，所以一定要仔细照顾和搞好环境卫生以消除疾病和一些小动物如老鼠等的侵害。建立合理的管理制度，尤其在环境变化如天气变化时，要注意观察雏孔雀的饮水、采食、精神状态、粪便、呼吸等，如发现问题应及时诊治，及时做好防护措施。

2. 育成孔雀的饲养管理

育成孔雀的饲养管理除做好雏孔雀的饲养管理以外，主要做好环境及室内外清洁和消毒，加喂新鲜、全价、适口性好的饲料，加喂青绿多汁的饲料，每天饲喂 3 次。保持光照、加强免疫、做好驱虫等工作，同时应在室内外备好沙子，以供孔雀洗浴。

孔雀的生活习性、繁育技术和饲料

3. 繁殖期孔雀的饲养管理

除做好以上饲养管理以外，应根据繁殖期孔雀的特点加以管理，即做好孔雀的产蛋窝，防止干扰，保持产区安静，及时捡走产下的蛋，以防被啄，发现雌孔雀难产时，应及时采取有效手段人工助产。

二、材料准备

（一）收集孔雀饲养管理相关资料

（1）孔雀的生活习性。

（2）孔雀的繁育。

（3）孔雀的营养和饲料。

（4）孔雀的饲养和日常管理。

（5）孔雀蛋的孵化。

（二）场地工具（材料）准备

在孵化场内进行。准备孵化器，出雏器，种蛋若干，消毒药液，干湿球温度计，照蛋器。

三、人员准备

人员分组，每组5人，明确职责分工。

任务角色	任务内容
组长：	任务：
组员1：	任务：
组员2：	任务：
组员3：	任务：
组员4：	任务：

任务筹划

一、内容

明确要调查的项目并收集相关资料；明确具体操作流程以及需要的工具材料，并对本任务内容做出科学评价。

二、方法

认真思考如何快速获取相关信息，统筹需要的材料和用具，进行规范操作并撰写报告。

三、流程

第一步：查资料，了解和认识孔雀的生活习性和孔雀的繁育特点。

第二步：查找相关资料，整理孔雀的营养和饲料相关知识和孔雀的饲养日常管理。

第三步：通过系列视频，学习掌握孔雀蛋的孵化方法及要领。

第四步：准备好材料并依据要求对孔雀蛋的孵化进行操作练习。

第五步：任务总结。

任务实施

步骤一：
步骤二：
步骤三：
步骤四：
任务总结：

任务检测

请扫码答题

任务评价

工作任务完成过程评价表

班级：________　组别：________　姓名：________

项目	评分标准	自我评价	小组评价	教师评价
理论知识（30分）	了解和认识孔雀的生活习性和孔雀的繁育特点（10分）			
	掌握孔雀的营养和饲料相关知识及孔雀的饲养管理方法（10分）			
	掌握孔雀蛋的孵化方法（10分）			
实操技能（50分）	相关信息的收集、整理和分析（10分）			
	操作态度积极主动，服从安排（10分）			
	能够口述孔雀蛋的孵化方法（15分）			
	能够正确操作孔雀蛋的孵化（15分）			
思政素养（20分）	能从全局上筹划相关事项或行动的具体安排（10分）			
	能够具备耐心细致认真的学习精神（10分）			
合计（100分）				
自我评价与总结				

（续表）

教师点评	

参考文献

1. 陈益慎，2009. 肉鸽养殖新技术［M］. 北京：金盾出版社 .
2. 高文玉，2008. 经济动物养殖［M］. 北京：中国农业科学技术出版社 .
3. 韩博，甘孟侯等，2004. 犬猫疾病防治手册［M］. 四川：四川科学技术出版社 .
4. 秦豪荣，吉俊玲，2008. 宠物饲养［M］. 北京：中国农业大学出版社
5. 张根玉，薛镇宇等，2009. 淡水养鱼高产技术［M］. 北京：金盾出版社 .
6. 张恒业，2012. 特种经济动物饲养［M］. 北京：中国农业大学出版社 .
7. 钟耀安，2009. 经济动物养殖与疾病防治［M］. 北京：中国农业出版社 .
8. 朱维正等，2000. 家庭养猫［M］. 北京：金盾出版社 .